# 宋家旺之
# 講師入門學

好的講師不是只有授課，

還要能夠運用

知 習 用 懂

四個關鍵。

宋家旺 /著

# 目 錄 *Contents*

## 經營行銷篇

## 個人品牌篇

# 前言 *Preface*

　　擔任講師這份工作的人很多，成為資深講師與知名講師的人也必然有他的成功之處，每位講師都有自己的方法。在這本書中，就把邁向講師所有應該要注意的事項以及在各細節之運作處、應該如何堆積自己的品牌手法以及操作步驟，一一解釋給你們聽，讓你們能夠快速贏過或追趕上其他實力雄厚的講師。但也因為各類型與各產業的講師或多或少有些許差異，所以也無法在這本書中全部道盡。這本書中所寫的都是這些年來，我親自運作與自身經歷體悟出來的心得，當然可能還是有不足之處。

　　如果你們看這本書能有所收穫我會很開心，但如果覺得完全不對，也可以把它當成反面教材來自我學習，這樣才能夠讀了這一本書之後還能有所成長！讓我們彼此都能夠持續不斷的進步與學習。感恩！

　　這本書不只寫如何入門當講師，也寫新手講師在品牌運作的整個流程與操作！

**在運作部分：**

　　在每篇文章中，都有必須重疊與重複運作之處，所以如果看到與前一篇中有相似之處也請勿見怪，因為任何過程是

無法完全獨立出來的，任何的操作過程也是彼此息息相關的，所以一定會有重疊運作的部分。

每個面向步驟中完全沒提到彼此有相關聯之處，這樣的寫法未必是好的。我的目的是要讓想當講師的學員有一本講師入門書，以便有可以學習的管道，所以關聯處或有必要重複的地方，我會再以不同的角度說明與詮釋。但如果已經在前篇提過，會在該篇將內容重點導向與其同樣重要的步驟與手法，但如果沒有相同重要之處就會將重點簡單帶過。所以如有遇到前、後章節有相似主題的時候，有可能是有關聯性或是另有相同重要之處，在閱讀的時候要細心體會！

**寫這本書的原因：**

是因為長期以來有許多學員問我要如何當講師，原本第二本著作出版方向，是準備以業務談判暨行銷作為內容。但在最近又有學員問我是否有開如何當講師的課程，後來想想也許可以出一本這樣的書籍，如再有學員問我，就可以先看看書，初步了解講師應該要如何入門與品牌的操作。看完後若還有當講師的興趣，以後不管自學或是去上成為講師的課程，都能更清楚學習每位講師的優點以及在課程中要注意的事項。如果看到書中出現坊間完全不曾提過的內容，也可當

作學習後的補充了解。

　　當講師是一份很好玩且有意義的職業，但也有其辛苦的地方！有的人把講師當成一份工作，有的人把講師當作成名的跳板，有的人靠講師賺取大把財富，但我只想把講師工作當成能夠幫助他人的契機，以及讓自己生活無慮的志業。人的一生時間非常有限，能夠做多少就盡己所能去實踐，這也是為何我要當講師的原因！

# *Lesson 1*
# 基本概念篇

# 1-1
# 講師專業到底是什麼？

有的人說是：專業知識與技能！

有的人說是：需要很會說話！

有的人說要：很會帶動團體氣氛！

你們認為呢？

　　我所認為的講師專業除了上述所說都需包含外，還要有職業道德、體貼的心、自己的堅持、有別於其他講師的特殊性、簡化知識讓學員快速吸收的能力，甚至還要有勇於認錯的氣度、要能守時重諾、要能談吐宜時宜地、要能注意穿著打扮，對我而言以上這些都是講師的專業！

　　如果講師有很高的知識與技能，但卻不能讓學員感同身受與快速吸收內化，這樣是不行的。如果學員覺得上課很有趣，但回去後能力還是無法有所精進，這樣也不行！

　　不過如果學員喜歡上課有趣就好這類型的講師，倒也不能說這種講師就不好，因為這要由市場需求來決定！

　　我其實是很羨慕不用做簡報而用帶活動或用同一份簡報便可以一直重複授課的講師類型。因為我是屬於針對不同課程與產業客戶，會做出不同簡報內容的講師，所以在備課上通常要花很多時間。如果不用經常做簡報，只要拿個隨身碟或本人到現場就好，我當然也會很開心！

　　由於講師的型態有很多種，無法在本書中悉數說明，如何判斷哪些步驟或過程值得學習或運用，這就得靠你們自己的吸收與內化了！

　　現在因為網路與手機的方便性，講師的工作也顛覆了許多人的傳統想像，在企業講課也好、公開班也好，或是在大禮堂上對著多數民眾演說也好，都是現代講師的演講方式。現在更能夠在網路上付費收看與收聽課程，有些人甚至直接用直播就能開一門課，所以現在講課的方法真的很多元！

　　不管你們採用何種方式授課，目的應該都是希望能夠

從授課行為中，獲取到知識傳授後的利潤、成名或成就感。雖然看似有很大的收益，但那些真正能夠被叫出名號的老師，相信除了常上電視或常在媒體上曝光的人外，應該也不出幾位了，這又是為何呢？

我相信知名的老師必有他們的授課獨到之處，但沒有名氣的老師未必就是能力不好的老師，這不能畫上等號。只是，如果你好的那一面沒有被看見，又如何讓不認識你的學員相信你是一位好老師呢？把自己當成商品來行銷自己，也是當講師的一門功課。

**講師這份工作，其實自己就是一份商品，自己也是品牌！**

在職涯的路上，我當了快十年的企業訓練老師，一開始只是因為工作性質，所以有機會站在台上演講。記得那時在公開場合講連鎖加盟的注意事項，講過幾次之後，就愛上了這種可以傳遞訊息給別人的感覺，這種無私的奉獻似乎很貼近我的人生思維。

在這十年中，我講過很多類型的教育訓練方式與種類：

有學校、公家機關、企業內外訓、公開班、講座、政府專案或補助案等，不同的場合需要表述的內容與方式都不一樣，當各類型的場合都講過一輪後，對於講師這份工作我才有了更深更全面的體認。

坊間也有很多在教人如何當講師的課程與機構，不論你們上完課後是否對講師這一行有真正的了解，我只期望，在翻閱這本書後，可以開啟你們對講師的另一番視野。

在這十年當中，不論在授課場所或在朋友聚會當中，總會有學員與朋友私下向我表示，要怎麼做才能當講師？當講師有什麼條件嗎？雖然我也開過如何當講師的課程，但因受限於授課時間，大多只有講授講師備課的重點部分。

市面上有許多的課程，很多時候講師只講本身專精的領域，在講師領域的全貌上，卻少有比較完整的陳述與訓練。所以這本書獻給想在講師這條不歸路上犧牲奉獻的朋友或正在遭受水深火熱的新手講師，希望提供他們更加了解當講師全貌的機會與途徑，透過這本書知道自己還欠缺的地方，便能夠更早一步去提升或加強自己不足的部分。

在此要先說明一下，這本書所稱之講師，可不是需要「教育部大專院校合格講師證書」的講師，而是指依照個人的專業、幫助企業做教育訓練的老師。在業界，除了稱呼他們為講師外，大多數會直接以老師作為稱呼。有時候學校也會聘請外部的講者來學校傳授某領域的知識，這時候則稱呼他們為業師。

雖然在外界總有些人會分得很細，把老師、講師、教練分為不同涵義的指導者，而現在又多了培訓師與訓獸師（因為有人這樣稱呼過我）的稱謂，只要不是國家或國際所認證的證照，這些稱謂都只是因為課程別的不同而產生的不同叫法罷了。

剛開始出來講課的時候，我其實不太好意思自稱老師，都只稱自己是講師，可能是傳統觀念上，我對老師這個稱謂有更深層的認定──師者：傳道、授業、解惑的影響，那時覺得自己還沒資格做足這些。

那麼當講師好玩嗎？很好玩的，不過也是一份很辛苦的工作。如果有人告訴我想當講師，其實我會當場為他默哀三秒鐘，哈！不是啦！是替他開心才是。

　　講師其實是人前光鮮亮麗，人後嘔心瀝血、默默耕耘的職業，講完課程後收到酬勞時，你也許會很羨慕，因為每小時可能就有 4～5 位數的進帳，但有可能就這麼一次。而且為了這次的上課，你在之前多日的付出與準備，製作好的資料還會被他人索取，每日的工作時數、做簡報的時間、經驗提供，還有授課的時間等等，都是你的時間成本，想當講師的人可以自己先換算一下是否合乎投資報酬率吧。我想很多還在線上的資深講師應該都會搖搖頭而感嘆吧！聽到這裡也別急著打退堂鼓，講師這行飯是越陳越香，一旦你們已經具有相當高的客戶指名度或是做出有市場區隔的課程時，報酬相對也會倍增許多！

# 1-2
# 什麼條件可以當講師？

如果你們問我什麼條件可以當講師，廣義來說，我會這樣告訴你們，想當講師是不需要任何條件的！

若狹義來說，某些特定的課程就需要有訓練合格證書、國家考試通過證明，或是某協會或機構的培訓證明。

但這是在特定課程或某種情況下，才需要具備相關證照來證明是否有資格擔任該課程老師。如果你們教的是經營管理、市場分析、人力資源、業務推廣等類型的內容，就完全不需要證書。有證書可以加分，但不代表就一定可以去教這門課，這也是你們必須注意與了解的。

我也常遇到一些身上有多種證照的學員，但問他們為何要拿這麼多、有因為拿這些證照所以增加授課機會嗎？得到的答案往往都是不一定。證照多寡跟授課機會是否提

升沒有一定的關聯，你們一定要搞清楚。

如果證照多寡跟授課機會沒有一定的關係，你們可能會問，要做什麼才能增加授課機會？我認為，首先你們一定要了解為何要參加培訓課程，了解後才能為自己加分。像我自己本身也和多家培訓機構與單位合作。參加課程不是壞事，但不是證照拿得越多就越好，或是去參加的課程越多就越好，最重要的是要先釐清你參加課程的目的是什麼。我常在訓練中看到某些學員因為學習了不同老師的課程，反而在某些觀念上混淆了。想當講師自己就不能混亂，如果自己混亂了，又如何能夠在授課時把來聽課的學員引導到正確的方向呢？

每個老師都有自己的背景與經驗，就算同一句話，不同老師所講出來的意涵可能是完全不同的，所以不是只學習老師所說的話就好，是要真正了解老師要傳達的涵義，更不是將老師說過的話拆開並重新組合後再說給你的學員聽這麼簡單。

想當講師很簡單，但要當好講師卻是要付出心血的，不光上課就好，沒有身體力行，有時是無法詮釋的很到位。

# 1-3
# 想當講師要如何做呢？

我想這是許多想當講師的人很關心的一件事，但為什麼這種課程並不多，甚至可說是寥寥可數呢？並不是其他老師不願意教，而是因為這個議題牽涉甚廣，並非簡單一、兩句話就可以說清楚講明白的。

 ## 講師的入門途徑

我當講師這些年來，接觸過各行各業的學員，從這些經驗裡我發現了某些規律，有些職業能很快進入講師這一行，我稱這些職業為講師的入門途徑，大致歸納為七類：

1. 企業內部人力資源或教育訓練人員
2. 企業資深主管、企業主
3. 培訓機構或單位
4. 專業領域證照者

5. 學校老師

6. 顧問講師型

7. 業務銷售人員

　　這七種入門講師的授課方式與課程類別都不太一樣，也因此課程與內容上會有所差異。但這也是為什麼有人當講師很容易，有的人卻找不到入門的關鍵。倘若要進一步討論做得好與做不好，則要進入後續章節才會有完整說明。現在我就從這七種入門講師個別說起。

## 一、企業內部人力資源或教育訓練人員

　　想從事企業人資或訓練部門的人，不需要豐富的經驗也能勝任，我們常看到的情況是，企業內負責應徵的人很多都是新手，在實務上面只要了解面試過程，稍微說明並實地操作過幾次後，大多就能輕鬆上手。

　　但是這種職務很容易遇到需要教育與訓練內部員工的場合，有些時候企業會從外部聘請專業講師來執行教育訓練，有些時候則是企業培養教育訓練人員來負責員工訓練。總的來說，擔任企業內部的教育訓練人員因為了解整個訓

練流程，一旦從教育訓練人員提升至講師的角色時，也會比較得心應手，這也是其他六種類型中最基礎的原型角色設定，而從此途徑入行講師的容易度，也是其他類型比不上的，因為關鍵都藏在細節裡。

這些教育訓練人員由於最清楚培訓細節，因此也最明白當講師的辛苦程度，所以並不見得所有人都想往講師的路途邁進。

企業內部的人力資源人員與教育訓練人員，因為長期與公司同仁相處，所以在備課與訓練方面會更清楚人員的需求。至於跟訓練有關的細節，包含行政工作、人力招募、內部訓練規劃、講師邀約、課程安排、教材與文宣製作等，訓練人員經常接觸，而這些也跟講師的工作內容重疊到。教材製作與內訓規劃這兩個面向與講師的工作內容更是息息相關，所以欲當講師的人可以先從人力資源工作著手，在擔任過企業人力資源或教育訓練部門的職務後，轉任講師的話會更容易接軌。

## 二、企業資深主管、企業主

　　學校與辦訓單位最喜歡找的講師就是這類型的講者，因為他們擁有產業面的熟悉度，也了解其他產業與產業面的差異。某些特定的產業喜歡找與自己產業屬性相近，且擁有多年實務工作經驗的主管或企業主來進行授課，因為力道會較其他類型的講師較為準確，有一擊中的的震撼效果。

　　但這方面的講師有可能會面臨到以下兩種情況：

1. 與自己利益有所衝突或受公司競業條款所限制。
2. 只能在該產業中授課很難跨足其他產業。

　　雖然這類型的講師不見得都會面臨上述遭遇，對大多數從資深主管或企業主轉當講師的人而言，卻是最有可能遇到的瓶頸，但只要能夠越過這道關卡，後面的講師之路也就能平坦許多。

　　這一類的講師通常擁有許多工作經驗，而這些經驗剛好大都是學員喜歡聽的內容，因為每位講師背後都有其成功與失敗的過往故事，不論失敗或成功，這些經歷都能成

為講師能夠坐擁現在資格與地位的養分。

學員總是擁有許多好奇心，只要在授課中加些可以引發與滿足好奇心的課程內容，也會讓後續授課更為順利。

## 三、培訓機構或單位

很多培訓機構或單位之所以設立的原因，除了聚合有共同志趣的同伴外，大多數是看到這塊領域的商機，一旦發覺到這類型的潛在商機，本身又是機構或單位的關鍵人員時，自己擔任講師這份職務的機會就會大幅增加。

培訓機構或單位舉辦課程會有下列幾種模式：

1. 單位成員不講課，只找外面講師配合，單純提供場地與行銷來賺取場地費與配合費。
2. 單位成員講授各自專業與專長的部分，其他領域則找外部講師合作；或是只挑某一塊領域，專門找授課風格相似的講師，共同來深耕該市場領域，以達到利益共享或補其人手不足之處。
3. 從培訓課程中開發學員當講師，也是有這類型的單

位。不過這現象在市場上比較少見，因為有開課報名人數的招募難度，所以一般來說還是以授課為主，授課結束後講師仍要想辦法自己開發客戶，如此才能成為一名真正的講師。

4. 只找單位成員當內部講師，而不找外部講師合作，目的是在保護客源，畢竟成功開一門課或找到可以持續邀課的企業，並不如想像中簡單，所以大多數單位不會將機會開放給外部講師，避免客戶被搶走。如果遇到這類情況，最好的辦法就是直接加入該培訓單位成為會員，也較容易達到成為講師的目標。

從培訓機構或單位這類型途徑入門的講師在企業或學員之中通常有較多爭議，我所看到的是好、壞評價都有，算是這七類中爭議性最大的一類。此類講師是否符合資格、經驗是否足夠等問題，通常也很難在一開始便看出所以然來，只有上完課後才會有所體會。

## 四、專業領域證照者

這類型的講師，取得資格的方式有兩種：

第一種是通過國家考試：

在該領域中，不管是實作或知識上，會比一般未曾接觸該領域的人更有說服力，因為取得證照的講師至少需要經過大量閱讀或實作過程，才能通過國家考試，在認知上面是真正有經歷過，才能擔任教育或訓練別人的任務。

所以很多通過國家考試如高考、普考等才能取得資格的職業如估價師、營養師、會計師等，也是許多企業喜愛邀聘的講師對象。因為有別於產業知識而更深入特定領域的專業程度，是深受企業歡迎的原因之一，企業喜歡找這類型的講師來幫員工提升專業知識。這類型也是許多公開講座舉辦時特別喜歡邀請的講師類型。

不過這類型講師因為沒有受過專業講師訓練或相關經歷，所以最有可能發生的情況就是：專業知識充足，但不擅長口語表達或製作課程簡報。上課也可能只會照著稿子念，而非用經驗分享的方式與學員互動。但是只要讓講師多講幾次熟練以後，這類情況都可以得到改善，算是最容易從講課的生硬度中看出講課經驗多寡的類別！

第二種是非國家考試，有三種取得資格的管道：

1. 國家與民間團體合作的專案證照
2. 國際間授權的認證
3. 協會自辦課程認證

這些擔任認證課程的老師，本身需要的經驗或專業知識都要跟課程有關，有些單位甚至規定講師要先具備以上證照才能授課，而越多的限制通常會讓一般學習者覺得非擁有不可的感受，這也算一種行銷手法。

但在實用性上，也很容易分成兩類：有些課程真的比專業課程講授來得更深入；但有些課程就會讓人覺得好像只要學、經歷漂亮，就能當講師。有時候從課程中學到的知識跟現實面有很大的落差，有時候還會出現學員只是為了取得證書而來上課。

## 五、學校老師

我常看到一種有趣的情況，有些講師講了幾年之後跑去學校當老師，也有些老師跑到企業來傳授知識。千萬不

要認為從這類途徑來擔任講師工作的授課老師，只有知識而沒有實務經驗，這也是錯誤認知。

學校老師其實有很多資源，學生畢業後出社會工作或因為學校有些研究需要申請補助款，透過這些管道進而認識許多各領域的專家，從而獲得你想像不到的經驗與知識背景，學以致用才是這類型的講師最擅長的，他們豐富的人際關係讓他們在專業領域上有更開闊而有別於其他講師的獨特見解。

不管是從業界回學校講課，還是從學界跨足業界授課，這類型講師的豐富知識與人脈關係，都是我認為最不容忽視的一類講師入門途徑。只要有課程需求，通常都能長期受到邀約，算是口碑很不錯的一種類型！

## 六、顧問講師型

既是顧問又是講師，顧問類型的講師是所有類型中最傳統的一種，在授課的方便性中占有極大的優勢！

此類講師大多以兩種課程內容為大宗：一種是經營管

理層面，另一種則是財務背景。另外人力資源與行銷顧問也是很多企業有所需求的課程內容，像我本身也身兼企業的業務人員招募與商品行銷顧問，如果你有興趣也可以從這一型管道開始！

顧問型講師主要在輔導顧客成長或轉型，因此在經營管理與財務背景這兩種領域的知識都需要具備，所以在授課方面當然會更有說服力。

但通常也會遇到一些問題，就是授課內容會有以下兩種情況產生：

第一種是太過專業學員聽不懂，雖然專業的內容很好也很豐富，但講師的工作不是只有教導，還兼具引導與指導的作用，我常看到顧問型講師常使用一些深奧的專業名詞，跟一般講師習慣把知識給簡單化，講求讓學員快速理解的模式有些差異。

第二種是授課過程太過於沉悶，讓學員們無法振奮精神學習。

當然我並不是在說所有顧問講課都會有這些狀況，我說的只是普遍的現象，如果顧問型講師可以在備課與授課技巧上做一些調整，相信會更受歡迎。相反地，倘若講師要晉級到顧問輔導諮詢等級的話，也要學習顧問在幫企業診斷時果斷並切中要領的精神才行，所以在經營管理與財務知識的實務上要更強化與專精。

除了經營管理與財務這兩方面，也可以學我以人力資源與行銷輔導為主要授課內容，選擇往自己所喜愛或擅長的方向著手。

## 七、業務銷售人員

有許多企業會把業務人員的身分或職稱掛為業務或行銷顧問，以利業務開發或招商。由於這類型操作手法差異極大，無法用簡單幾句話帶過，所以我在此只針對業務人員成為講師的兩種發展來做說明！

這類型的講師經常是各產業中的業務銷售翹楚或代表，未來有兩種發展的可能性：

第一種是成為業務訓練講師：

企業為培養新進人員，會提拔原本業務能力較好且領悟力較高的業務夥伴作為業務訓練講師。不過因為此類型的業務講師雖然有優秀的業務能力，但如果只有接受公司培訓，而未接受過正統講師訓練以及專業知識提升，則可能在訓練成果與認知上會造成新進人員素質的良莠不齊。

第二種為產品銷售講師：

這種講師通常會經由公司所舉辦的公開講座或產品說明會，透過活動以直接或間接介紹的方式來吸引目標族群，達成銷售目的。這種銷售模式也是業界常見的運用手法。

以產品銷售為主的講師最常見的授課種類有兩種：

1. 房地產公司用投資理財的課程來吸引目標族群。
2. 直銷公司與各種跟健康有關的產業，用健康講座來引導消費族群產生對健康的意識。

這兩種都是非常典型運用銷售型講師來達成營業目標

的形式，如能善用這種銷售模式與工作做個結合，一般而言，績效方面通常會很不錯。這種銷售模式其實普遍存在於業界已久，而此類講師如果未來從企業走出來，最可能對外開設的課程有投資理財、團體激勵、潛能開發、時間管理等。

從業務起家的講師通常有屬於他們的魅力之處，也是所有途徑中發跡最快的一種！

##  講師四種工作身分別

每個人對於想當講師的原因與期許都不盡相同，當講師的人可能有許多不同的工作或稱謂。有可能是企業主、某個領域的專家，也有可能是學生身分或是家庭主婦，這些都是非常有可能的，那你的身分又是什麼呢？

講師身分依工作型態可區分成四種，你想要當什麼類型的講師呢？

1. 全職型講師
2. 兼職型講師

3. 合作型講師

4. 個人型講師

## 一、全職型

我這裡所說的全職，是指就只有講師身分，受人聘用，沒有其他的工作而言。

在業界有許多企業顧問公司會招募全職類型的講師，因為他們的顧客群就是他們所輔導的客戶，而這些請顧問公司來進行輔導的企業，內部也會有需要教育訓練的時候，這時候講師就派上用場了。

一般來說，當顧問最主要的工作就在提供診斷、建議與策略方法，這些工作量已經相當繁重了，而講師負責教育訓練，在備課上也相當費時費力。因此有些企管公司會另外再聘請講師來負責講課，同時包辦企業諮詢與教育訓練，因為如果不包下教育訓練的部分，可能會發生以下兩種問題：

第一種問題：

外找的教育訓練單位所指導的訓練內容與公司所期望方向，可能產生不一致的情況，這樣會產生輔導成果無法有效提升。若由顧問公司自己進行訓練，則能達到目標與執行面的統一，乃為最好的方式。

第二種問題：

有些講師可能身兼顧問，有可能在課堂中與課後無意中說出經營方向，一旦與輔導的公司意見相左時，難免產生摩擦。所以通常顧問公司習慣自己全部包下這方面的訓練業務，以利進行運作與改善。

拿我為例，在我接企業的課程邀約時，都會特別注意客戶是否已有顧問輔導，有的話就不會逗留太久，講完課我就會直接離開公司。因為每個顧問手法都不一樣，我的手法跟其他顧問也不太一樣，我自己不喜歡介入別人的輔導模式。不過，一般企業主會有一種習慣，就是想聽聽不同的意見與想法，課程結束後會留你下來聊天，這是當講師的人必然會遇到的情況，你們可以自己斟酌看看要如何處理，因為這沒有所謂的對或錯。

在顧問與講師的時間分配上，我大多時間都花在教育訓練上面，而在行銷策略與業務單位指導上的顧問工作，就不會接太多的案子，免得讓自己分身乏術。

還有一種是直接進入企業內部的教育訓練單位擔任講師，這也是最快的途徑，還可以了解許多當講師的技巧與手法，推薦給想當講師的人，剛開始可往這方向進行，最好的舞台莫過於此。

## 二、兼職型

一般來說剛開始當講師的人，除非目標很明確非講師工作不做外，大多數還是從兼職開始。

如果問我的意見，我通常會建議從兼職開始是最好的模式！

大部分剛成為講師的人，很多是「無心插柳」之故。因為講過課之後，發覺上課帶來的感覺還不錯，才喜歡上這份工作，大多數的講師起初都不是講師，都有另外的正職，只在閒暇之餘才講課，這樣壓力不大還有額外的收入，

何樂而不為？

但如果一開始就投入個人型，客戶來源就成了初入行的講師會遇到的第一個大問題。「一直沒有客戶該怎麼辦？」這個問題會讓你頭疼又壓力滿滿。很多講師都是先兼職一段時間、等到客源穩定後，才開始考慮走全職講師這條路。一開始不熟悉這種產業動態的話，建議不要太期待會有很穩定的舞台與客戶來源。

前面也提過七種講師入門途徑，都屬於已經有工作或有能跟講師一職有所接軌的職務，完全沒有講師經驗的人要踏入講師這塊領域，不是不行只是會比較辛苦而已。有工作可以讓自己的熱情與想從事講師的信念維持更久。

建議剛開始可以從喜歡的課程開始布局與行銷，這樣可以清楚知道市場接受度有多少，往後也可以調整授課方針！

## 三、合作型

直接衝到培訓單位門口說我要合作是最快的方式，不

過不是你們想當講師，人家就會用你們。先觀察這個行業，你就會發現從事講師這份工作的人並不在少數，然而市場就這麼大，別人為何要跟你合作？這時候你就要認真思考一下自己的優勢，作出市場區隔！

不論你要如何毛遂自薦，禮貌是最基本的做人做事道理，不然別人會以為是我這麼教你的，反而我被列入黑名單。要跟人合作，首先要具備以下這些條件，供對方評估：

## 第一種：授課經驗

這是一項以「經驗多寡」為判斷依據的指標，也就是講過多少場與多少類型的課程，會成為是否優先被選為講師的依據。只能說在還沒正式把講師當作終生職業前，盡量累積授課場次吧！

換個角度來看，也可以把這項指標當作自己有多少次在公開場合表現的機會！

在授課經驗裡面，有一項評斷項目就是所謂的台風，授課次數越多，基本上課堂表現會越趨於穩定，臨場反應

與現場表現也能得以提升。合作單位也會從講師的授課頻率與公開表現，來判斷開課後在課程中遇到各種情況的危機處理能力。所以這點也是一項極為重要的先行評量指標，因為事先的風險評估，就是合作單位要做的功課。

很多講師剛開始的上課模式，因人數不多，多採用小組討論或會議進行的方式，一方面可以累積自己的授課經驗，一方面能降低授課時產生失誤的風險，提高企業或辦訓單位的信任感，進而給予較高的評價。

### 第二種：授課項目

從市場面來看，經營管理與財務方面是最受歡迎的講課內容，其次是電商與資訊課程，再來則是語言課程，每類課程都有其一定的市場，就看你選定的項目是不是契合培訓單位的需求、單位內部是否已有固定講師在講授同一塊領域。如果已有固定配合的講師，跟你合作的意願也許就不會太高。

同時也要先做好考察的功課，多深入了解培訓機構或單位的運作模式、需求，以及他們喜愛開設的課程類別，

投其所好，合作成功的機率才能大幅提升。打個比方來說，某家單位專門開設國家證照考試課程，而你所擅長的是另一個領域，除非你只是想試試你的想法是否可行，這當然沒什麼問題；如果你是要讓對方同意接受你所提議的課程，那就不只單純提出想法來就好，要連課程招生相關細節都要設想清楚，總不可能都要求別人幫你們規劃好招生與各項安排吧？

相同的主題，不同的講師所講授的內容當然還是會有差異，所以另一個成功關鍵就在於必須讓合作單位知道，跟別的講師相比，你的課程內容有何獨到之處，如此才有辦法與其他講師做課程區隔。

像我投注在做業務與行銷人員的教育訓練，跟市場上其他講師在說的內容，就有明顯的區別。再者，我常拿自身經驗當作教材，還會針對市場變化來調整內容，即便每年都講相同的主題，我的版本每次都有更新，這也是我在市場這方面所做的差異化區隔。

在此給想入行的諸位一個建議，當講師的課程規劃最好有多一些版本與不同面向的調整！

### 第三種：現職身分

現在的身分，也就是指你的經歷而言，也是合作單位考量的因素之一，尤其是否跟課程內容有關聯，如果沒有太大的關聯性就不太會加分，反之就會幫你們找出一條活路。

比方說，你沒有人力資源主管或法律相關經驗，卻想講人力資源課程，你就不能抱怨為何沒有單位要找你開課。再打一個比方，現在有兩個人同時提議要開課，一位身分為前五百大企業的人資主管，一位則是一般中小企業的人資主管，試想合作單位會優先找誰？什麼身分別，教什麼課程一開始就是很重要的課題。

**善用自己的光環，如果沒有光環就要自己創造！**

在市場上別人會幫助你，絕對是因為你有被利用的價值，除非你自己不想被人利用。但如果你自己都不會替自己創造價值或解決問題，別人又如何相信你能替他們解決問題！

　　沒有身分就想辦法提升自己的身分！有很多可以創造自己身分的技巧與方式，這就是所謂的個人品牌。像我本身還有開設一門「個人品牌規劃運作課程」，就是在教人如何簡單創造個人品牌。不懂就要積極去學，創造個人品牌其實也沒有想像中那麼困難。

### 第四種：過往背景

　　你講過多少課、課程內容有哪些、哪些公司上過你的課程、你學過什麼可以講這類課程、過往經驗與授課主題的因果關係又是如何等等，很多事情都是重點。但我常看到想要跨入這行的新手講師都未曾考慮過這方面的事，就只是想做而已。

　　沒有講課經驗該怎麼辦，如果你有這個疑慮，不妨先回到之前提過的七種講師入門途徑，看看是不是有你可以運用或資格相符的。

　　如果你任何相關經驗都沒有的話，也不用灰心，可以先試試下列兩種辦法：

1. 將想要的授課內容做成簡報，完成後再逐一毛遂自薦。
2. 試辦免費課程來增加自己的授課經驗。

這兩種方法我誠心推薦給新手講師，千萬不要還沒正式開始，就天真地認為自己開的課程一定會有人來聽。倘若當日課程沒有開成，辦訓單位豈不就沒有當日收入，這些風險也是辦訓單位所要承擔的，如果講師不預先把風險降低，你認為對方如何能放心跟你合作呢？

不過我還是要再聲明一遍，有沒有相關背景真的會有很大的影響，你的名字大家都知道跟完全不知道就是第一項差異。

第二項差異則是身分別，假設你的身分是位學生，但想講一門課程，你設定兩種講課方向：

第一種課題方向是：從學生轉變成老闆
第二種課題方向是：從學生轉變為工讀生

這兩種方向就有顯著的差異，除非你想講的內容是如

何成為一名工讀生或是自己當工讀生的經驗談。否則一般來說，十之八九的人應該都會對於「學生如何可以當老闆」這個議題更為好奇，「高中生當了什麼樣工作性質的老闆？」也足以引發別人想要了解這個演說者的好奇心。

學生身分未必就無法當講師，要看想當什麼樣的講師與講什麼課程的老師！

### 第五種：授課評價

如果沒有過往的授課評價也沒關係，沒有就沒有，不須刻意強求，冒險造假的話很容易被看破手腳，現在大多數培訓單位都有評分表，一比對就會發現，反而替自己帶來不必要的麻煩，所以沒有過往的授課評價其實也沒關係。

即便是與學員課後的互動或是學員寫的感謝詞，就算是評價，都可以拿來運用，最好事先取得對方同意再拿來使用，不要只顧慮自身利益，而枉顧他人感受。

另一種取得評價的方式，就是在每次授課前，先製作好專屬自己的課後評量表，於課程後發放給學員填寫，就

能夠慢慢累積自己的評價，一個人的認同影響力可能還不大，等到一百個人都對你的授課表現表示贊同的時候，那力度就不可同日而語了。

### 第六種：學歷

如果是受政府單位邀約的演說或是政府合作推動開辦的課程，雖然講師的實務內涵很重要，但講師的學歷也是必須審查的重點。

學歷對培訓單位來說則非絕對必要之條件，要看單位屬性與課程性質。有些單位先看講師學歷再看實務，但有些單位是不看學歷只看實務經驗多寡，學歷有沒有必要取決於合作單位。我現在的學歷是日間部碩士班研究生，但開始當講師時，學歷還不及於此，只是因有較多業務與行銷的實務經驗，所以受到企業的青睞。我要表達的意思是，只要講師有能力或經過訓練，學員吸收的成效與滿意度高，企業其實不太在意講師的學歷，主要還是以實務方面的經驗值來決定講師的價值。

那學歷究竟重不重要？早期我很少收到政府方面的講

課邀請，後來我決定重新進修，一邊進修一邊講課，來提升自己所不足的地方，政府單位的邀約於是漸漸多了起來。現在幾乎每一年我都會花將近十萬元的進修費用，來提升自我本質學能與相關經驗的學習。

在此也建議大家當上講師後，千萬不要自認自己已經是這行業的專家而停止學習，當你們願意一邊學習一邊授課時，就會感受到自己也一直不斷地在成長。

## 四、個人型

我想可能很多人最想看到的就是這一小節，也許你們會問，如果只想以講師為終生職業那該怎麼做才好？不跟單位配合還能不能夠生存？

如果上述這些問題是你們的心聲，那我只好為你們默哀三秒鐘了。如果是那些有經歷過教育訓練人員階段與顧問轉講師工作的人，我倒不太擔心，假如連先前那七類轉講師的入門職業都不是的人，就毅然踏入這一行，雖不能說百分之百會以失敗收場，但相對風險會很高。除非你的資本雄厚或對收入沒有太大的期望，不然很有可能一陣子

之後，又回到原先的職場工作。

　　通常我會建議新手還是先以兼職講師起步。講師的工作可不只有上台講課，還包含事前的備課動作，像是準備資料、製作教材、規劃課綱，還要與客戶洽談、報價、行銷、業務推廣等，這些都是你的時間成本。有些客戶還可能會跟你們索取發票，雖然部分企業會以內部講師費來給付酬勞，但大多數還是希望能提供發票，如此一來，成本又增加了一筆。因此以個人型講師為目標的人，一定要弄清楚自己的目的為何、追求什麼樣的回饋，甚至還要清楚開發客戶的模式與平台要如何進行才行！

　　如果你心意已決，仍堅持要以個人型講師為挑戰的話，我建議這本書你最少要看三遍以上，不能只挑自己喜歡的章節，而是一字一句慢慢品讀，當每次重新閱讀後，我相信你將有新的體悟。

# *Lesson 2*
## 教材製作篇

# 2-1
# 講師做教材的四個階段

　　很多人問我說當講師是不是要很會做簡報，首先「很會做簡報」要先定義清楚才行，因為會有人誤解。

　　如果不是教資訊類或簡報設計類的課程，我個人認為具備一般的簡報能力即可，由於現在簡報軟體內建功能真的很多，只要具備一般的文書處理能力，其實大都很夠用了。這邊所說的「很會做簡報」，是指能夠完整陳述想表達的內容的簡報呈現方式，重點在於該如何呈現，所以我將講師做教材時可能會遇到的狀況分為四個階段，並個別說明。

　　講師到底要如何做教材簡報？是不是會做教材簡報才能當講師？不會做教材簡報不行嗎？

　　會不會做教材簡報，對講師而言並非絕對必備的資格。

我曾看過不用簡報，全程寫黑（白）板的講師；也看過用活動來代替簡報作用的上課方式；甚至有些講師直接在網路上外包給其他寫手來製作簡報，只要能滿足上課需求，講師也並非一定要很會做簡報！

我寫這篇〈教材製作篇〉的目的，是讓有意願邁向講師之路的新手講師，有機會能了解講師這個職業的所有全貌，或清楚知道未來該如何進行運作，只要對當講師有助益之處，我都會毫無保留地提供過往經驗給你們作為參考。以下就是我所歸納的做簡報教材時會遇到的四個階段：

第一階段：學習
第二階段：轉化
第三階段：重點提示
第四階段：個人特色

 **第一階段：學習**

我所謂的學習是用一般人都會的方式來進行創新融合，而非直接抄襲！

先聲明切勿抄襲，要真的學會融會貫通，不然就可能已經在抄襲了！像我寫這本書的過程中完全沒看別人的文章，用自己過往的經驗就這樣自然而然化成文字一瀉而出。你或許會問，書中難道所有概念都是其他講師未曾說過或有過的概念嗎？這當然不可能，我既非是講師行業裡的第一人，在我之前有過多少講師前輩，總會有觀念或概念相似或重疊的情況，這也是無可厚非的事。

但我還是可以很自豪地對你們說，不論作品還是簡報裡面所舉的例子、使用的任何一字一句，都是我想到什麼就直接打出來，沒有參考其他資源，而之所以可以快速打完這本著作，都是因為過往豐富的經驗讓我不至於才思枯竭。

剛開始你們可能還無法運用自如，一旦當講師久了，或多或少都會有這樣的能力，學習到「無中生有」的技能！

開始備課時，大多數新手講師應該都不知道要如何著手。如果是很清楚方向的講師，大多是早已準備要當講師或是原本已具備做簡報能力的教育訓練與企劃人員。

在還未做講師前，雖然原本就有一些軟體與企劃的工作經驗，但實際當講師後，老實說，我還真的不知該如何準備一份完整的簡報。思緒無法連貫、該如何表述、該如何呈現版面、該如何有邏輯地操作與編排頁面順序等問題，即便之前的工作經驗再多，還是沒辦法直接套用到講師這份工作上，就算上過很多講師的課也是一樣的，看別人寫跟自己寫，之間的差異根本就是兩回事。

我的建議是如果不知如何著手，可以先從網路上找尋與你授課主題相近的簡報，先研究相關類別或與課程方向的講師，了解他們如何做簡報。

我不是要你們抄襲，我再重申一次，這真的很重要！

你們要學習的是其他講師如何運用版面、如何排版、用多大的字體、呈現方式，以及他們對於這個主題的邏輯與思維。

建議那些對做簡報還不上手，或初踏入講師這份工作的人，每次做簡報前至少要先看 100 份以上別人所做的簡報。你可能會反駁說如何能收集到那麼多份簡報，現在網

路很方便，認真找其實就能找到很多資料。找參考用簡報時，只要跟你講授的主題相近，不見得一定要完全相同，也足以成為參考數據。透過資料的收集，你也能熟悉每位講師在處理簡報時的邏輯架構，就能夠從仿照的架構中，慢慢去鋪陳想表述的內容。如果你聽過許多的課程，這樣的聽課經驗更能成為往後你授課時陳述想法與意見表達的重要指引。

從網路上來尋找資料，真的很便利又能大量收集，但隨著時代進步與網絡普及，資訊變得唾手可得，所以當講師有兩項重要工作：

第一項重要事項：

由於資訊太多太龐雜，要過濾所收集到的資訊內容，達到去蕪存菁的內涵，就是當講師一件非常重要的工作事項。

第二項重要事項：

現在的年輕世代都很會用網路，雖然說講師對於各種

資訊與系統的軟、硬體不一定要很精熟，但如果能懂一些基本的簡報與文書處理等軟體，也能更跟上時代潮流。

 # 第二階段：轉化

　　講師這份職務極需創新的思考能力，如果教學模式或上課內容總是一成不變，學員總會有吸收疲乏的一天。你們會發現，許多資深講師的課程幾乎每年都會變化，我自己本身就算主題相同，但每年都會更新版本加些新素材進來，這是你們在一開始當講師時，還沒辦法做到的事。

　　需要先學習如何將所學知識轉化成自己的概念傳遞出去，這也是當講師一項很重要的工作。

　　講師在簡報創造力上的四個重點：

1. 要能將舊有的重新包裝與創造新定義的能力。
2. 要能夠有解決現在與當下所遇到不同問題的能力。
3. 要能夠發現其他講師沒有注意到與可激發事物新價值的能力。
4. 要能夠將簡報從頭到尾，做出連結並產生因果性的

能力。

製作的簡報應具備的創新觀點有五項要點：

1. 可以用訓練來改變學員學習或行為模式。
2. 可以讓學員接受新、舊理論與事物的意願更高。
3. 可以藉由學習過程來激發學員更多事項的選擇啟發。
4. 可以更容易讓學員創造出接近本身特質較正確的決策。
5. 可以更容易讓學員接受講師風格學習吸收的方法。

要做上課簡報很簡單，但要做出能夠讓大部分學員都滿意的簡報，只有一直重複練習才有辦法越做越好。

我在剛開始做簡報的時候，當下曾經自認為自己的簡報非常完美，隔兩年後再看一次當時的簡報，我給自己打60分，再隔三年後我對當時的簡報只剩下20分的評價。未來有朝一日當你們再重頭檢視過往所做的簡報時，如果認為以前的簡報已臻完美境界，那應該就表示你一直沒進步！人應該會一直成長才對，除非拒絕進步。即便到了現

在，我還是不斷地調整上課簡報中所呈現的內容以及現場運作的方式。

我在這十年的授課生涯中，其實也從與學員的互動中學習到很多，這也是當講師的另一種收穫！

至於從網路所搜尋出來的參考簡報，我這邊提供五個方向給大家思索：

1. 簡報中想訴說什麼？
2. 簡報中想解釋什麼？
3. 簡報中想分析什麼？
4. 簡報中想讓學員了解什麼？
5. 簡報中想要證明什麼？

大多數簡報應該都脫離不了這五點訴求，所以你們應該可以很快將簡報重點找出，再轉化成自己的觀點呈現出來。

# 第三階段：重點提示

等到閱覽一定數量的簡報，同時你們自己也有許多的製作簡報的經驗後，就能感受到自己不斷成長的軌跡。我本身就有很深刻的體悟，我現在很多業務教學理論都是從自己的授課中不斷演化與改進而來的，甚至偶而還會看到別人抄襲我的經典名句，真不知該搖頭還是要開心！

為什麼做簡報的第三階段要強調「重點提示」寫法？新手講師尚需要靠簡報來提示自己接下來的流程或重點，有時候會習慣將全部的內容寫在簡報上，以便提醒兼提示。

當你的程度來到了第三階段，代表課程內容與進行方式基本都已經瞭若指掌，所以版面上就不需要出現那麼多的文字，有時候簡單一句話就能代替一整段你所要傳達的意思，或是利用反問句來講授該階段想要傳遞的核心意義。

舉例來說，我在做業務人員訓練的過程中，其中一節原本要講述做業務過程應該要有的步驟，但我不直接說明有哪些步驟，而是利用反問的方式來誘導學員發言。

「請問各位業務，你們覺得做業務有哪些重點或過程？」

等到學員回答與互動完畢，我才跟大家解釋業務工作的步驟與流程，來與學員發表的內容相互對照，並引導學員分辨其間的差異。透過互動與學員的發言，可以讓我掌握這些學員對業務內容的了解程度，視情況調整後續課程的規劃與難易度。

我並不建議新手講師直接跳到這個階段，假如第一與第二階段的基礎沒有打好，後續的授課內容依然會很空洞，而且臨場反應與課程調整依舊還是會不夠確實，像我到現在還是會不斷調整上課中與學員的互動方式。

也許你們會說自己已經很有經驗，應該沒問題，但是我還是認為講師工作跟其他工作一樣，都需要全心全力投入才行，就算是兼職也一樣，如果只想走捷徑那是不會長久的。

##  第四階段：個人特色

如何在簡報上呈現出個人特色，教你們一種我平時也在用的方法，這是我在教企劃人員撰寫企劃案的一種方式。

### 字、句、表、圖

一般來說簡報頁面大多都以文字呈現居多，但如果把文字轉化成句子這樣的效果會大於前者，因為整個頁面都是文章段落與只有幾句話，畫面的呈現上會有極大的不同，用句子能夠讓畫面清爽許多。

簡報的畫面清爽俐落，學員比較容易專心，注意力也能集中。這時再搭配口頭解說句子的意義，也可以依照學員對這個頁面所呈現的現場情況來做反應，就可以增加學員的好奇心與認知，也可以在專注力不夠時加些話題來活絡上課狀況。

簡報做得越多，就越能激發出新的想法與思維，等到做簡報的程度提升到一個等級後，就能將文字與句子利用表格的方式來呈現。表格的作用就是利用視覺配合口頭說

明，呈現對照，讓學員更深入了解所要詮釋的內容與其正、反面差異與比對，這樣也能夠讓內容與所說之實務與理論都能顯得更有張力。

最高段的手法就是利用一張圖來呈現要表述的內容，要達到這個階段，勢必要經歷過上述各階段的扎實訓練。簡報一定要多做，除了多做簡報外，還要經常將各種心得寫下，當有很多心得或想法時，才有辦法製作成簡報圖示。而這類型的簡報圖示，就是我在簡報上與訓練方法與其他講師有所不同的個人特色。

大多數的業務講師所製作的簡報頁面，多以文字與句子居多，我的習慣是，盡量把上課的內容圖示化，這邊所說的圖示化不是隨便拿一張圖代替就好，而是將過程、原理、步驟，製作成圖形來展現。圖示化的簡報在課程中就能夠凸顯我與其他講師的差異，畢竟所有圖示都是我自繪，不但不假他人之手，更重要的這些圖都是我的智慧財產。

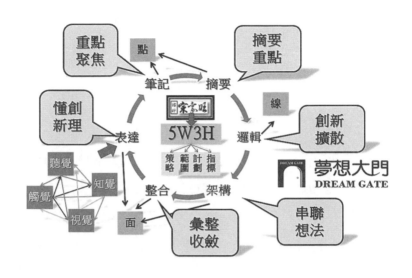

宋家旺老師學習流程架構圖

　　除了簡報多以表、圖呈現外，我也堅持不套用版型。每年我都會更換兩、三個版型交替使用，版面的圖示與呈現方法還都是我自己編排的，如首頁風格與內頁風格呈現，我都會自己設計。當然如果你們還不太能做到這個地步，先用套版也沒有關係，我也是一直重複練習才開始有自己的風格。

　　當簡報越做越多時，想學不會真的也不容易。我知道有些講師本身很忙，所以培訓單位會將簡報外包或請工讀生製作，你們也可以如法炮製，只是如果是新手講師，在

此還是建議自己做比較好，等到課程比較多後，再使用這一招也不遲。

　　直到現在我的簡報還是自己處理，因為我想表達的內容與呈現方式只有自己最清楚，在表述上面就能夠更清楚。自己做簡報還有另一個好處，就是能激發很多靈感。除了簡報外，我這兩本書也是自己一個字一個字打出來的，除了可以練文筆外，還可以激發思維，當作自己在練習創新思考模式。

　　我雖這麼說，寫出一本書其實也不簡單，有時沒有思維，會停頓很久才有辦法再繼續下去，一旦有思維產生時，可能連著幾天就能寫出一萬字。寫書跟製作簡報的原理都一樣，有時可能想寫也寫不出來，要寫出來還需經過很多時間去淬鍊。原本在第一本書寫完後，打算在兩年內再出一本，但寫了兩、三萬字後就停頓下來，換了幾個主題寫都是一樣的情況，但是那些主題其實都是我平時在教的，照理說應該不會有什麼大問題，可是思緒難免就是會有停停頓頓打結的狀況。講師或文案企劃者都希望自己的思緒能夠源源不絕，製作簡報就可以同時訓練自己，這樣也才能知道自己的問題點在哪！

# 2-2 製作簡報頁數多寡的三個時期

簡報頁數多少才恰當這個問題我被很多想當講師的學員問過,所以在此提供我自己以及我所知道的講師他們的情況給大家做個了解。一般來說製作授課簡報會經歷三個時期:

##  第一個時期:頁數越多越好時期

在這個時期,因授課經驗不夠豐富,無法精準掌握學員的喜好以及時間的分配,因此在製作簡報時,最好盡量準備大量的簡報頁數,讓你們在授課時能夠有更多題材可以使用。在這個時期,我建議先別管需要多少頁數,能夠製作多少就盡量製作,在這個時期多做簡報會有兩項好處:

第一項好處:

在授課時不會被緊張的情緒給干擾，一旦緊張，就算你的經驗再豐富，表現與傳達還是會受到影響。簡報的素材準備充分的話，就算一時恍神，看到資料還是能提醒自己，目前或待會可以講些什麼內容，不至於因為腦筋一片空白，而造成無法接續講課的尷尬。千萬別自認不會有這方面的問題，當體力不夠或中途出現干擾時，便很容易發生這樣的情況，即便是資深講師也是如此。所以在這個階段中，為避免上課中出現意外，最好的方式就是製作頁數越多越好的簡報，有突發狀況或突然不知要講什麼內容時，這是一個很好的解決方式。

第二項好處：

這些超額準備的教材未來上課也有機會使用。我做簡報時，不管是三小時還是六小時的課，在接到授課邀請時，除了會先花很多時間大量閱讀書籍與資料，將其吸收內化外，如果時間允許，我會盡量製做兩份或是雙倍的簡報教材內容，一開始由於還不上手，常耗費許多時間，當教材越做越多之後，這些當時自己備而未用的資料在後期或是未來授課的使用時機上，卻發揮相當大的作用，省去我許多查找資料的時間，這是由於事前已經做足了功課的緣故。

多準備一些教材真的好處多多，如果臨時接到授課機會或剛好那段時期自己很忙，無法花太多時間製作教材，這時就可以將過往曾做過的簡報拿來修改，就又成為一份新的簡報教材，是不是很便利？由於都是自己做的簡報，也無版權問題，愛怎麼使用就能怎麼使用，這時你們會發現當初有多做一些教材內容真的是太好了！

 ## 第二個時期：每小時 8 ～ 10 頁時期

一般來說，大多數的講師準備簡報的頁數，平均都控制在每小時 8 ～ 10 頁的速度。

以我來說，如果是要準備三小時的講課，我的簡報頁數大多維持在 28 ～ 32 頁上下，扣除首頁、末頁、自我介紹及大綱等四頁固定頁數後，就是要製做 24 ～ 28 頁左右的內容，當然還是要看所教授的課程，但最好差不多就是這樣的份量。如果頁數準備太少會發生兩種常見的問題：

第一種問題：

在講課經驗還不甚豐富、尚無法掌握課程進行的流暢

度之下，一旦教材內容準備不夠充分，有可能面臨無題材可講、被迫提早下課的窘境，如果你認為你還處於這個階段，建議你維持上述所建議的頁數，畢竟無法講完比提早講完要好得多。

有時候六小時的課程，我不會只做 52 頁的簡報，我會做到 64 ～ 68 頁，換算下來，等於每小時要講完 11 頁的速度。至於多出的四頁是我準備看情況所增加的。此外，也要考慮中午吃過飯後，學員可能因剛吃飽而精神狀況不好，可以在下午的課程中增加互動式的內容，就能容易將學員的專注力給引導回來，當然有些內容我就會講得比較快，只要不要一直停留在同一頁上，就不容易引人入睡。

第二種問題：

或許頁數雖不多，但沒有發生上述問題的話，就要看簡報是不是因為用表與圖呈現，卻因講師經驗太少、版面的串聯做得不夠清楚，導致學員看或聽不懂上課內容。

在授課時，千萬不要認為自己所說的內容學員一定都懂！

　　你所說的話，十個學員可能就有十種解讀。如果現階段你剛當講師不久，在敘述方式與判別學員的吸收程度上，絕對不可能像資深講師這樣自如與熟練，經驗的不足可能造成你的誤判。簡報的功能就是要讓不同程度的學員，對同一份簡報能以相同的頻率去看，增加得到相同解讀的機會。

　　這裡所說可以增加相同解讀機會，只是可以並非一定可以。更何況只是用口頭說明，每個人的解讀一定會有差異，難懂的議題若沒有多做幾頁來解釋，只用一頁來表現的話，除非已經到了所謂資深講師的功力，否則我真的不建議這樣做，因為內容艱澀難懂，又沒有搭配簡單易懂的視覺與口語說明，很容易會讓學員失去上課或學習的意願。

##  第三個時期：每小時 4 ～ 6 頁時期

　　到了這個時期，相信各位都已經累積了一定的上課次數與經驗，如果可以用表、圖來簡化授課教材也是一件不錯的方式。很多資深講師有時用一張圖就可以講好幾小時的課，以我的角度還是建議大家要做其他頁面內容來輔助這張圖，由於每個講師的功力與習慣都不同，這裡我就不說你們一定要如何做，因為作法沒有絕對的對錯之分，就

跟個人習慣有關而已。

即便我的經驗來到了這個時期，我還是維持上一個時期的頁數，我會做很多張表與圖，三小時的課只要做 12 ～ 18 頁就夠了，多做的頁面是擔心有學員可能會聽不懂我所表述的事項，所以是做來準備給學員釐清觀念用的。

雖然我歸納出製作簡報的頁數會經歷這三個時期，但實際上也有例外，像是講課內容與主題也會影響簡報的頁數，有些活動類的課程不會用到簡報，有些較資深的講師習慣用寫白板的方式取代簡報，我有時候則會同時利用簡報與寫板書的方式。

這裡整理的三個時期只是提供你們參考其他講師與我個人的作法，至於要多做或少做簡報頁數，並沒有一定的標準，只要習慣或使用方便，對於自己與學員都好，我想這才是最重要的。

你們擅長什麼要盡量在簡報中表現出來，就算簡報能力不強也一樣，因為簡報的呈現是你這位講師品牌的重要文宣。

# 2-3
# 簡報呈現的六項個人品牌重點

授課簡報大致分為以下幾個元素：封面、自我介紹、大綱、各章節標題、各章節內文、底頁等結構。

## 第一項重點：封面組成

簡報封面要有四個組成：標題、圖片、時間、講師名字（可以加上公司與單位名稱或個人頭銜）。可千萬別小看這四個基本元素，如果很簡單就帶過或隨便設計，有時很難吸引全場目光。

「一開始的簡報封面就是你的戰場！」

如果希望讓課程能進行順利，封面處一定要用心設計，可以放一些為自己加分的過往授課照片，或將封面設計成

適合你授課風格的頁面（可以外包給設計人員或美工人員），也可以付費去購買專業版面來使用，小小的一個動作就能讓人看出你有多重視這次的講課。

等到成為資深講師時，如果你覺得內容重要性大於封面呈現，再按照自己的個人風格也可以，可是初期簡報封面是吸引學員目光的一個重要因素！

 # 第二項重點：自我介紹

自我介紹是可以讓學員快速認識你們的地方，不過一般單位與學員不太喜歡講師花太多時間介紹自己，也不太喜歡一長串的自我介紹，他們通常會有兩種看法：

第一種：是覺得好厲害，怎麼會有那麼多資歷！
第二種：是認為好像太自以為是，自認為自己很厲害！

當然也有這種情況，就是因為太冗長的自我介紹，反而造成學員跳過不看的反效果。

我通常只會放 4～6 種可以在該堂課中加分或取得好

感與信任的經歷，我不太喜歡寫很多資歷，容易與上課學員造成隔閡感。

另外一項重點是，有時其他講師花了太多時間在自我介紹的部分！

自我介紹這一頁最好不要花太多時間在上面，我通常只花 1～2 分鐘簡單介紹自己，只要讓第一次來上我課程的學員能夠知道為何我能夠當上這門課程的老師即可。或是利用自我介紹為課程內容做個鋪陳，這樣反倒是更好的做法。這一頁不要完全都省略不提，但也不要停留太久。

 ## 第三項重點：大綱

有些講師沒有寫大綱的習慣，我個人則是會視每次課程的主題才決定是否要寫大綱註明。

寫大綱可以讓學員清楚知道課程架構，當知道課程架構就會清楚知道課程所進行的流程，講師可以按部就班做說明。當學員有問題時，就可以用後續會做說明的方式告知，這是一項如果遇到臨時學員發問問題，但不知道如何

解說時最好的對應方法。因為有時學員提問的問題，可能
後面課程中就會提到，如果擔心會與當下所要進行的流程
衝突時，可以當成後續才解說的手法。

　　不寫大綱也有不寫大綱的優點，這類型的講師就能隨
心所欲的進行課程變換，發現學員沒興趣時就換個話題切
入，或遇到學員有問題時可以立刻補充解答，非常有彈性。

　　我有時遇到學員提問後也會立刻給予答案，問題能立
刻解決可以讓學員收穫到更多。但也因為如此有時預備後
半段要上的課，可能會提前在前半段就先提到，其實這時
候大綱的作用反而就沒有那麼重要了！

　　這邊要建議各位，大綱提供與否主要是看辦訓單位是
否可以接受，如果沒準備有可能會被認為講師沒有擬好主
題架構，或沒有按約定行事，這樣就不太好了！

##  第四項重點：各章節標題

　　如果簡報頁數不多，但有按照大綱進行流程鋪排，就
會因為有大綱，而增加更多頁面。有三項大綱就多了三頁

頁數、六項大綱也就多了六頁頁數。

有些講師會利用這個優勢增加簡報頁數，如果想讓辦訓單位看到你們的簡報時不會有太薄弱的感覺時，利用大綱增加總頁數是一種好辦法。

而另一項優勢則是因為有寫大綱所以會感覺有分段，可以讓每個主題較為明確外，也可以有效地掌握時間。例如要講授六小時的課，如果設定六項大綱，你就可以有效控制時間的分配，像是上午的三小時講前三項，下午的三小時講後三項內容。進度既能掌握的剛剛好，甚至連中午休息時間也可以有系統的準時上下課，上下課時間的掌握是很重要的，這也是學員是否認同你是不是一名好講師的評斷之一。

##  第五項重點：各章節內文

有大綱項目就會有內文，以三小時的課為例：如果用一小時八頁的速度來講課，那剛好每項大綱下就配置八頁內容，講完八頁就讓學員休息 5 ～ 10 分鐘，其他需求就看自己以及學員的狀況而定。

如果問我休息時間應該如何調配，業界並沒有一定要休息多久或多久休息一次的規定，一般都是看講師習慣，休息時間約有以下四種狀況：

1. 每個小時休息 5 ～ 10 分鐘，這樣可以讓學員精神較穩定。

2. 約一個半小時休息十分鐘，覺得休息時間太多會影響學員專注力。

3. 課程中間不太休息，看學員累了才休息十分鐘，這樣會讓學員覺得一氣呵成，但通常這樣的課程要讓學員隨時保持興趣才適合。

4. 有些講師中間都不休息，但將休息時間改為提早下課，建議要先說明休息原則，因為每個學員與單位對休息的認知都不同，事先告知學員才不會產生不必要的誤會。

我平常都以第三類為主，每三小時的課程中間只留一次約十分鐘的休息時間，不過有時也只休了 7 ～ 8 分鐘，因為我習慣換成整點上課，所以偶爾會出現並非完整的時間點，建議累了就要讓學員休息，精神與體力如果都不好，上課學習與吸收力就會下降，反而事倍功半。

可以在正式上課前先訂下休息時間，也可以視學員上課與互動情況來判斷是否要休息一下。

有些單位會在上課前，提醒講師要讓學員按時休息，這些也可以作為講授休息時間的參考與依據。不過有定大綱的章節內頁，倒是比較好掌握時間，只要維持講授的速度就好。

##  第六項重點：底頁

有些講師在底頁只寫了「謝謝聆聽」四個字，我們既然要做好個人形象這塊品牌，光這樣寫還不夠，這裡我建議再添加四項重點：

## 一、課程題目

在底頁添加課程題目的原因是要幫助學員回想當天上課的主題，重新回想上課的重點。去企業講課時，可能會有這種狀況，就是學員可能是非自願參加，這種被強迫上課的人即便只有少數幾個人，他們上課不專心，忘了上課主題的話，很可能會在評價給較低的分數。

我看學員給我打的分數，如果總分以十分來計算的話，八、九成的人分數都會給 9 ～ 10 分，有時候我也會遇到少數學員只給 5 ～ 6 分這樣低的分數。

這種情況一看就知道是故意給低分，我都會為企業擔心，如果真的講得很糟，得到如此低的分數可以理解，但普遍分數打很高、極少數給很低分，這樣大的落差就會引發我的擔憂。企業內如果有一群學習意願不高的人，其實很容易變成企業內部劣幣驅逐良幣的情況，這就是我擔憂之處。

最後將課程主題再說一次，目的也是讓這群人想想看自己是否有學到上課的重點或引發想法。

如果學員真的不想聽課，只靠一次上課就想要扭轉對方心態是一件不容易的事，但凡當講師的人，不管如何都還是想看到學員成長或增加實力的進步空間。

## 二、講師姓名

課程最後請記得替自己再重新廣告行銷一次！

不管用哪種途徑或是廣告行銷手法，都是希望能夠讓學員取得更深的印象，市場上有這麼多的競爭者與課程，如果不走出自己的一條路，是很容易被其他人給取代的，同樣地，沒有獨特的差異也是無法做出市場區隔。

再次讓學員產生「印象」很重要，同時也可以增加他們對講師的「信任」！如果期待學員會再次指名上你的課程，那就必須要讓學員產生非常高的「**指名度**」。

當課程越來越多的時候，就要持續規劃與製作這方面的廣告行銷自己，這是讓學員回流的重要方法之一，重新介紹自己的名字就是再次加深學員印象的行銷方式。

## 三、後續開課主題與時間

如果是公開班或是下次仍在同一個單位授課的情況，我會將下堂課程的主題與上課時間寫在最後一頁，讓學員知道下次還有哪些授課內容與上課時間表，這樣做學員會有幾個反應：

第一種反應：如果學員對下次的議題有興趣，可能會

在當下就報名，或是回去跟其他同事分享。

第二種反應：如果學員當下還不確定是否有興趣或時間，先告知可以讓他們回去好好考慮，讓他們有時間能提早規劃，或是排開其他行程。

第三種反應：如果學員對下次的主題不感興趣，也無妨，就把這個機會當作自我行銷，趁對你還有印象的當下，加深彼此的印象。

想當講師，就要把握任何自我宣傳的機會，只要曝光機會變多，那被各單位邀約授課與公開班報名的人數相對比例也會越來越多。

## 四、單位或個人聯絡方式

如果在公開班，最好不要留下自己的聯絡方式，只要在最後一頁留下合作單位的聯絡窗口資訊就好，這樣與辦訓單位合作的機會才能長久。

但像是一次性的公開講座，就可以看單位需求，像之

前受邀到政府單位所舉辦的公開講座擔任講師，對方就希望我可以直接留下聯絡方式，方便讓學員直接聯繫而不是透過他們轉達通知。

若是經常性辦課的辦訓單位，他們平時便負責招募學員，就最好不要留下私人的聯繫方式，這樣有可能會破壞彼此的信任感。

與我一直配合的辦訓單位開授公開班，我會在課堂上直接告知學員，如果覺得我講得不錯，後續要找我合作的話請直接與辦訓單位的窗口接洽。課堂休息時間與中午休息時間，我也不會私下給學員名片，甚至學員有內訓需求的話，我還是會婉轉地請他們直接找辦訓單位負責窗口，樹立任何邀約都要透過辦訓單位的原則。

雖然這樣要求可能會讓想找你講課的企業或學員打退堂鼓，可能覺得有點麻煩，然而我個人是覺得誠信比賺錢還重要，要長久培養「人無誠信、無以立足」的做人處事原則，跟辦訓單位的關係才能長遠持久！

# Lesson 3
## 文案準備篇

# 3-1
# 備課文案要做的工作

最近在寫書的過程中有學員問我，要如何備課？備課的文案有哪些方向與重點？既然有人問代表有需求，那我就在這邊分享我的方式，提供讀者初期在寫備課文案時必須考量的方向，就算沒準備過文案的人也能清楚知道該如何下筆。

首先，我們要先了解什麼是備課文案，備課文案就是在授課前的準備！

寫完備課文案並不代表就一定有課可講。有些講師是接到單位邀約後，才開始製作文案；也有講師是事先準備好文案，以備不時之需；或者講師利用已準備好的文案來進行課程推廣，哪種順序都可以。

我有一門課就是專門在講要如何做備課文案，千萬不

要覺得寫備課文案很簡單，東抄抄西抄抄就好，我每次都要花很久的時間準備備課文案。前一章提到授課時要準備的簡報資料需要多少頁、每小時要分配多少頁數的授課速度、製作的簡報內容要如何鋪陳，都是備課文案中就要決定好的事項！

如果還不清楚要如何準備備課文案，可先按照我後面排列的順序來撰寫，一步一步按照順序製作內容，至於前面說過的教材內容準備方向，這邊就不再重述，這章將著重在教材製作前的工作準備上。下方七項準備是當你接到邀約電話時，要提供給對方的內容與重點，也可以整理成書面資料提供給辦訓單位進行開發與宣傳。這七項內容就是備課文案要做的工作：

第一項準備工作：課程主題

第二項準備工作：課程內容

第三項準備工作：課程效益

第四項準備工作：課程大綱與課程單元

第五項準備工作：授課對象

第六項準備工作：日期、時間、地點

第七項準備工作：個人資歷

通常就算接到邀約電話也不用高興地太早，有些單位會詢問你的行程，確定有空的話就直接進行邀約的動作。但大多數的單位會同時找好幾位老師來進行評估，這時候備課文案就起了很關鍵的作用。

我剛開始當講師時，也曾發生過文案比不過其他講師的情況。會不會或有沒有授課經驗是邀約單位重視的因素，剛開始對方也不認識你，只能從文案撰寫來評斷你是否是他們要找的老師。這七項重點事項就是決定你能否接到案子或順利招生完成的必備工作。

##  第一項準備工作：課程主題

不論邀課單位是企業還是辦訓機構，他們大多都已經鎖定某個課程領域，並以此來找講師，這時候講師需要提供一個課程主題讓單位篩選，主題挑得不好，就可能失去這個機會。再者，即便辦訓單位確定找你，如果你的主題沒有足夠的吸引力，有可能會造成招生不順的情況。別看有些講座好像場場爆滿，很令人羨慕，其實有可能是因為講師知名度高的關係，但大部分是因為主題選得好的緣故。因為主題有吸引力，再加上其他因素如課程免費或有補助，

或是來上課就提供參加禮物等誘因，相輔相成才能吸引許多學員前來聽課。新手講師也可以這樣做，就當作是行銷自己的基本花費，還能夠累積人脈與知名度。但是只有支出卻一直沒收入那也不行，挑選一個好的主題就是想當講師的人的當務之急。

這邊就介紹我在 2017 年開的公開班的主題方向給你們參考，都是我以業務與行銷方向出發的主題設定！

〈業務人員策略應用培訓班〉

〈業務談判議價能力養成班〉

〈業務人員行銷與談判能力養成班〉

〈實戰帶兵學：績效主管能力養成班〉

〈企劃文案撰寫實務班〉

〈概念思維：創新思考邏輯訓練班〉

〈企業品牌創造與操作運用技巧訓練〉

〈2017 人生逆轉勝之超強業務力〉

〈優秀內部講師必備功力：授課與教材準備實務〉

〈人際公關學必勝術〉

〈自我績效提升：正確目標設定步驟與原則〉

〈現場銷售學：第一線銷售人員實戰技巧〉

　　有看到喜歡的主題嗎？每一個主題所蘊含的意義都不一樣，像我的每門課彼此之間都有關聯，這也是為何企業單位與辦訓單位會持續找我的原因，但千萬別照抄，與家旺老師搶飯碗啊！

　　一個課程主題就可以了解老師的授課風格，從講師列出的一系列課程，就能發現他專攻或專精於哪個方面！

　　可別小看這些課程，有時光是公開班的學員來聽，有可能就達到百萬業績收入。所以想開課成功一開始就要投入心思，而當一門課開設成功後，就會有第二門課、第三門課，持續不斷地展開，所以想快速開課成功，主題如何制定就是很重要的關鍵！

　　這裡也提供過往我常開的課程主題，這些主題也都有不錯而亮眼的佳績：

　　〈做到業績真簡單，因為真相只有一個〉
　　〈訓練自信，爆發你內心的小宇宙〉
　　〈簡單創造高績效〉
　　〈撼動人心的顧客說服術養成班〉

〈三分鐘內成交的銷售技巧〉

〈業務人員招募手法：如何快速建立賺錢部隊〉

　　以上的課程都已開設好多年，也重複開了很多班次。像公開班的課程就是要做到重複開還是會有人來聽的境界才行，但也不能光一門課便一直重複招生，所以就必須配合不同課程來交叉輪替，學員如果還是願意來報名，也就很值得感恩了！

　　如果你不確定第一次開課的主題是否可行，我會建議盡量嘗試。我也有失敗的文案，每個人的文案也不可能百分之百都能招生成功，就算資深的講師也一樣，但你可以從這些失敗的經驗中激盪出更多更好的文案，這些過程都會成為你一步一腳印得來的寶貴經歷。

 ## 第二項準備工作：課程內容

　　以下我挑幾篇範例，你可以看看我是如何撰寫課程內容，就當作參考，如果覺得不好，也可以當成反面教材。

## 課程主題一

## 自我績效提升：正確目標設定步驟與原則

☑ 課程內容：

　　每個人都有自己的夢想，也都希望從工作中獲取應得之報酬！

　　此次課程為「自我績效提升」之課程，有時你很想做好業務工作來提升績效，方法不對而繞了一大圈。

　　正確的目標設定步驟與原則，可以提升自我能量，也是有效改善無法順利達成績效的重要關鍵。然而「只是了解」與「知道正確操作」是兩個不同的層面，你想停留還是前進？

　　你難道不想快速達成你夢想的目標嗎？

　　你是想？還是真的要？

　　這次課程將能夠解開你長久以來績效不穩的疑惑並改正你錯誤目標設定的運作！

## 課程主題二

### 人際公關學必勝術

☑ **課程內容：**

不管是面對朋友、家人、公司同仁、客戶關係或人脈拓展，都非常實用的人際公關學！

〈人際公關學必勝術〉將有助你在職場關係經營與人脈資源開拓上都能無往不利！

有的人天生就有好人緣，但人際公關學則可加強人際開拓以及資源互利的後天影響！

「人脈就是錢脈」這個道理乃亙古不變之真理，只要會運用，你的人脈、貴人將會越來越多。

課程當中會教你正確的運作手法，無須刻意而為，只要你行為正確得當，人脈就能夠自然而然產生。有些人知道人脈很重要，但知道跟能否有人脈，是兩件不同的事！

## 課程主題三

### 現場銷售學：第一線銷售人員實戰技巧

☑ **課程內容：**

不管是門市銷售或是展覽活動，只要是第一線人員，就有直接面對客戶的情況，就算不是第一線人員，但有機會參與第一線運作的人，就必須了解現場銷售的基本要點：

如何接近顧客！
如何招呼顧客！
如何現場結單！
如何應對客訴！

當顧客提出問題時要如何立刻回應，才能增加現場銷售的成功率，只要知道步驟與方法，任何人都可以是現場銷售高手！即便已經具有銷售技巧與經驗的人，還是建議來聽看看，更能提高銷售成功的機會！

## 課程主題四

# 業務談判議價能力養成班

☑ **課程內容：**

　　許多人員對於業務有先入為主的認知，認為業務工作要口才很好才能勝任。

　　此次的課程將著重於當已聯絡或維繫客戶到一個程度後，應如何有系統地與客戶邀約或要求其訂單的談判過程。

　　談判的手法很多，但要真正了解談判的要因，才能夠無往不利。

　　此次課程中包含對於談判的認識、事前的準備、手法運用、說服技巧及談判結束後關係維護之動作，都有清楚解說，讓目前想做業務工作或需要面對顧客一直砍價的工作夥伴獲得更多幫助，也能夠讓所有想做業務及正在從事業務的夥伴們，有可以學習的管道。

## 課程主題五

## 實戰帶兵學：績效主管能力養成班

☑ 課程內容：

主管到底要學什麼，才能夠讓單位績效有效提升？

本課程將擔任業務單位主管應該要會的十項技巧，一一做重點說明！

從人員招募、培訓、市場了解、商品企劃、目標設定、激勵、時間管理、開會操作、公關合作、讓顧客回流這十個方向，全面強化提示。

主管的時間有限，但依舊要學習如何在有限的時間下學習用人帶人的技巧，也是這課程的主要目的！

時間管理很重要，只要針對關鍵之處加以處理，再忙的業務主管都能讓問題迎刃而解，進而提升整體單位之績效。

　　我這五篇課程內容每篇字數大約在 200 字左右，如果想寫更多字數當然也是 OK 的。我剛開始當講師時也習慣寫很多，但後來發現不是寫得多就比較好，字數多寡不是重點，重要的是能否吸引學員目光，所以後來我調整方向，把課程內容當成宣傳文案來寫。

　　以公開班為例，辦訓單位有時會幫忙做課程宣傳，但是有時候講師很多，可能無法一一為每位講師寫宣傳文案，所以當單位主動要幫你宣傳課程時，真的要心懷感激！

　　辦訓單位宣傳課程時，課程內容就是值得做為宣傳的重點，但字數太多的話是無法放進一張 DM、EDM 上的，你想維持字數多的方式也是可以，這邊只是介紹我的作法，並沒有誰對誰錯之分。

　　上述這幾項課程我都已開過無數次，但主題與內容我會做些區隔，跟我在企業內訓中所講的課兩者就不同，每年我也會變化與更新部分內容。

　　我開過的課，每次所敘述的內容並不會一模一樣。像是〈做到業績真簡單，因為真相只有一個〉這堂課，每多

一次授課，我的簡報內容就會更新，所以這門課如今已進階了七次，因為不斷更新與創新的緣故，我又從這門課延伸開發出兩門新的課程：

1. 〈業務人員行銷與談判能力養成班〉
2. 〈業務人員策略應用培訓班〉

這兩門課是從〈做到業績真簡單，因為真相只有一個〉所延伸出來的，雖說是延伸出來的，但卻有各自獨立的授課方向，只是彼此存在重要的關聯性。

這兩門延伸課開設多次，也是我近三年中最熱門的課程之一，不過這兩門課只在某間辦訓單位中開設，因為內容是我為該單位量身訂製的，不會自己招生。在企業內訓中我就會用另一門課代替，也絕對不會完全一樣，這也是我對該辦訓單位願意邀請我所致上的感謝之意！

 ## 第三項準備工作：課程效益

在這個階段中，我也會利用一些我寫過的範例讓你們了解，知道該如何將課程效益寫出來，寫的方向因人而異，

並沒有對錯之分，最終目的還是要能夠成功開設課程。

　　其他地方就看你要如何進行，效益處通常以條列式呈現，目的是要讓邀約單位以及學員能夠清楚知道上課後可以得到哪些好處，條列式能讓學員一目了然，不必再做轉化思考的動作。這樣做能加速招生進度，學員不需花太多時間思考，對於邀約單位，他們也能儘快了解你提案的優勢！

　　現在就來看看我以往如何撰寫課程效益，作為你們往後撰寫的參考。

## 課程主題一

### 觸動人心的銷售心法與說服技巧

☑ 課程效益：

①強化個人說服銷售能力，提升個人自信。
②提升了解客戶真正需求，增加個人及團隊績效。
③獲得他人的信任與支持，創造個人品牌。
④強化邏輯說服技巧，提高成功率，降低客戶流失。

## 課程主題二

### 業務人員行銷與談判能力養成班

☑ 課程效益：

①提升新手業務與後勤人員對行銷與談判認知概念。
②增加業務與行銷夥伴真正了解該有的流程與步驟。
③適用對象涵蓋有興趣想聽聽不同方法的高階主管。
④增加業務夥伴能創造更多技巧的啟發。

## 課程主題三

### 改變顧客潛意識的行為心理學技巧班

☑ **課程效益：**

①增加業務與行銷夥伴對於消費者心理層面的了解。

②增加業務與行銷夥伴了解商品定價操作過程及步驟。

③學會操作商品與銷售手法。

④提升未來想從事商品包裝企劃人員的經驗。

## 課程主題四

### 業務單位績效達成實務班

☑ **課程效益：**

①增加新手主管對領導與管理業務單位的經驗提升。

②增加現任業務主管對領導與管理業務單位重點了解。

③增加欲突破現況的業務主管問題解決的技巧手法。

④增加對目前非業務主管但未來想擔任業務主管的夥
　伴，先前的準備與了解。

## 課程主題五

### 一流經理人

☑ 課程效益：

①讓優秀士兵轉化成為實戰帶兵將領。
②增加領導能力，強化團隊向心力與主管認同感。
③了解工作職掌，快速進行人員招募訓練與管理技能。
④提升企業績效與帶領部門開創新市場。

## 課程主題六

### 企業品牌創造與操作運用技巧訓練

☑ 課程效益：

①增加公司夥伴對於品牌的基本認知與體悟。
②提升廣告行銷實務工作的操作原理。
③了解企劃工作原則與產出好文案的方法。
④提升品牌結合行銷與廣告原理操作。

一般來說，課程效益只要寫三至五項，我通常會寫四項，而且字數控制在每句都以簡單能夠理解為主。我不會寫得太複雜，以免學員與單位還要思考這句話的用意，裡面也包含上課要呈現的涵義。

我會照實寫出我認為有的課程效益，不會故意寫得很漂亮，實際課程中如果效益無法真實呈現，那就算這次開課成功，也不會有下次機會，所以還是建議寫法適中就好，不要過於誇大。不管怎麼寫都是你的個人風格，只要能夠幫助你招生成功，都可以放手一試，加油了！

##  第四項準備工作：課程大綱與課程單元

課程大綱與課程單元的準備工作建議留到第四個步驟時再開始，如果習慣先從課程大綱與課程單元開始，再來寫效益，也沒關係。我之所以放在第四個步驟，是因為考量到在主題、內容與效益都確定好後，課程大綱以及課程單元就有更明確的雛型，但這裡可以依照自己的習慣來執行。

撰寫這個步驟的重點在於要讓學員一目了然，可以知

道上課過程與上課會上到的內容，這裡也等於邀請別人來上你的課所設下的誘因！

這項文案製作也是許多辦訓單位會直接拿來當作宣傳內容的重點之一，所以要如何凸顯課程優點，建議就算單位沒有需要這步驟的文案，還是都可以嘗試練習寫出來，也把它當作自我訓練的一種方式。

若每次都能擬出大綱與單元，就會發現有一個好處。在製作簡報時，任何人都可能會遇到寫不出來或是覺得需要大幅度調整的情況，事先擬出大綱能幫助你進行模擬運作整個上課過程與製作簡報，不會陷入到後來因為執行困難需要打掉重練的一項關鍵！

以下也同樣展示幾篇我的課程大綱與課程單元的文案，給各位作為參考，你們也可以試試是否能夠清楚抓到我的課程到底有哪些方向內容！

## 課程主題一

# 改變顧客潛意識的行為心理學技巧班

☑ **課程大綱與課程單元：**

1. 顧客心理：
   ① 顧客心理與行銷的關聯
   ② 潛意識之引領步驟
2. 定價心理：
   ① 定價概念
   ② 引領欲望定價策略
   ③ 商品話題塑造
3. 銷售心理：
   ① 顧客購買心理解析
   ② 銷售動作與手法
   ③ 刺激欲望的銷售話術

## 課程主題二

## 業務人員策略應用培訓班

☑ **課程大綱與課程單元：**

1. 知之策略：
   ①業務人員思考的基本概念
   ②「服務‧業務‧行銷」三行為之策略應用
2. 習之策略：
   ①產品分析流程
   ②商品企劃行銷步驟
3. 用之策略：
   ①定價策略與消費者購買策略擬定
   ②異業合作運用手法
4. 懂之策略：
   ①實戰銷售話術與策略應用
   ②陌生開發創新運用手法

## 課程主題三

## 業務人員行銷與談判能力養成班

☑ **課程大綱與課程單元：**

1. 談判議價應用認知：
   ①了解談判議價之雛型與架構
   ②談判議價運用認知
2. 談判議價應用——前篇：布局
   ①研判對手之條件
   ②談判議價籌碼準備
3. 談判議價應用——中篇：攻防
   ①談判中手法運用
   ②談判議價說服技巧
4. 談判議價應用——後篇：進退
   ①邀單與結單話術
   ②拒絕之談判藝術
5. 談判議價後續跟進策略：
   ①短・中・長期客戶培養步驟
   ②跟進策略

## 課程主題四

## 業務單位績效達成實務班

☑ **課程大綱與課程單元：**

1. 團隊建立：
   ① 人員招募技巧
   ② 業務新人初期訓練技巧
2. 市場分析：
   ① 市場分析流程步驟
   ② 商品行銷策略
3. 目標設定：
   ① 目標設定法
   ② 激勵員工技巧
4. 時間管理：
   ① 時間控管三要項
   ② 開會流程引領法
5. 服務行為：
   ① 公關與異業合作法則
   ② 顧客回流術

## 課程主題五

# 2017 人生逆轉勝之超強業務力

☑ **課程大綱與課程單元：**

1. 業務能力解析：
   ① 2017 應具備之業務能力
   ②知己知彼、百戰百勝：業務因果
2. 學習業務能力的步驟與原則：
   ①業務工作自我檢視流程
   ②超越他人的必勝心法
3. 實際業務能力提升練習：
   ①業務行為重點運用技巧
   ②人生逆轉勝業務話術訓練
   ③正確人脈建立流程
4. 常見的問題與討論：
   ①實務演練
   ②考核及驗證

　　新手講師不要只寫課程大綱，也要列出課程單元，這裡的單元是指大綱下更細部的主題名稱，因為只有大綱會讓人覺得方向很大，未配合過的單位只收到課程大綱可能不會很放心，所以建議再提供細部的單元，讓單位能夠清楚知道課程的走向。對於公開班的招生也會很有利！

　　至於單元多寡要看課程大綱與授課時間長短而定，如果大綱多，單元頂多 2 ～ 3 項即可；如果授課時間長而大綱少，架構下的單元就要準備多一點。我也看過有些講師在時間有限下大綱與單元卻還是擬很多的情況，這時候就會讓人覺得如此多的內容是否能夠每個項目都講得很深入，這也是要考量的一項重點。

　　在有限時間下要講得「廣」還是講得「深」，這就看你要給上課對象看到課程時是要產生什麼樣的感受來決定！

#  第五項準備工作：授課對象

**案例一**

這裡以〈業務人員「招募」手法：如何快速建立賺錢部隊〉這個主題來做說明：

當看到〈業務人員「招募」手法：如何快速建立賺錢部隊〉這樣的主題時，你會想到什麼？在這裡我們所談的是授課對象，表示你希望誰來聽這門課，既然這個主題分為主標題〈業務人員「招募」手法〉與副標題〈如何快速建立賺錢部隊〉兩個部分，我們就拆成兩部分來討論。

第一部分：〈業務人員「招募」手法〉

如果從〈業務人員的招募〉這個主題來看，你會認為有哪些對象需要招募業務人員？我第一個所想到的就是人力資源單位與業務單位的主管，我不知道你還有想到什麼，但可以寫下來，也許有我想不到的許多可能性。

如果是以「人力資源單位」為訴諸對象，我會使用下

面這樣的稱呼：

1. 目前任職人力資源與教育訓練單位之工作人員

如果是以「業務單位的主管」為訴諸對象，則我會用這樣的稱呼：

2. 未來有興趣或晉升擔任業務主管的同仁
3. 已是業務主管對於招募訓練想增加更多方法的夥伴

第二部分：〈如何快速建立賺錢部隊〉

除了人力資源單位與業務單位主管，你還想到誰適合呢？

這句的重點是「快速建立賺錢部隊」，哪些職位的人會需要呢？會跟上述兩種職位一樣重視甚至更重視績效與賺錢的，我想到的是「高階主管」與「內部訓練講師」！

如果以「高階主管」為對象，我會寫出來的稱呼為：

4. 高階主管對於業務主管的培育或招募有興趣或想聽
聽不同方法者

如果是以「內部訓練講師」為對象，我會寫出來的稱
呼為：

5. 想了解更多招募與訓練方法的內部訓練講師

看完示範後，會不會覺得這樣寫好像也不難懂，感覺
上也滿容易學會的呢？

其實只要常練習，一有主題時，其實很快就能把你的
授課對象寫得更明確，相信沒多久你不但能超越我，也能
超越其他資深老師！

案例二

這裡以〈業務談判議價能力養成班〉這個主題來做說
明：

談判議價這個主題，會令你聯想到哪些適合對象？

　　有時會有學員在課堂中問我如果客戶完全沒興趣該怎麼辦，我會這麼跟學員解釋，談判議價是要在特定情況下才會發生的事，如果一開始有一方對於商品或服務完全沒興趣，這樣是無法進入談判議價的情境當中。當然，如果雙方對價格、商品或服務都沒有意見與想法，完全不想殺價就直接進行結單動作，那麼也不需要進行談判議價！

　　聽完上一段的解釋後，我們再來想想有哪些對象適合來聽這堂課！我想到的有第一線業務人員與行政採購人員，所以我會這樣寫：

　　1. 增加新手業務與後勤人員對於談判的認知概念

　　第二個重點我所設定的是以「為什麼要來聽這堂課」當作動機，所以我會這樣寫：

　　2. 增加業務夥伴對於談判能夠真正了解該有的流程與步驟

　　第三個重點我擺在「技能成長」作為訴求，所以我會寫成：

3. 增加目前正在從事的業務，創造其他談判手法與技巧的啟發

第四個重點我則是以「想了解何謂談判議價」的需求對象為主，這裡也包含企業主或是財務與會計人員，所以我會寫成：

4. 增加非業務人員可以了解業務談判手法一窺全貌的機會

這兩個案例所寫的方向不太一樣，是因為我認為只要能傳遞給希望來上課的學員看到，想怎麼寫其實都是個人的自由。

最後給你們一個建議：千萬不要把授課對象設為誰都可以來的寫法，這樣的寫法就表示你沒有主要目標客群，也會讓學員無法判定自己適不適合，這將是決定你是否可以開成公開班的一項關鍵！

# 第六項準備工作：日期、時間、地點

## 一、開課時間與日期的選擇上

　　安排在星期一至五開的課，比較適合企業內訓或是一般民眾都可收聽的講座。如果要開特定公開班，建議與辦訓單位合作，因為他們有固定的客戶資源，學員也能接受要向公司請假的麻煩。如果是希望學員個別進修的課程，最好選在晚上、周末或假日的時段來舉辦。如果只能在平日的上班時段開課，最好舉辦以能增加工作技能或能讓求職順利類型的職訓課程，招生也會比較順利！

## 二、開課地點的選擇上

　　開課地點交通便不便利是一個值得考慮的因素，但交通便利的教室可能收費很貴，這點也需要考慮。除了可以跟辦訓單位合作外，也可以租借學校教室，越知名的地方越加分，也能吸引報名的人數。

**例如：**

某某國際會議廳
某某基金會教室
某某學校禮堂
縣、市政府會議廳

上述地點都可以為你加分！

如果只是想辦只有幾個人的小型課程，部分的咖啡廳、書店或商務中心都有提供這類型的租借場所，一般公司行號也有會議室租借的服務，都可以多方了解。找你最喜歡的授課地點，只要你能夠接受場地費用與服務項目就都可以。

第一次租借的場地，必須要先詢問清楚是否有電腦設備、投影設備與周邊如白板、白板筆、茶水、桌椅等相關硬體與服務的提供。

我曾有過一次驚險的經驗，受某單位邀請要到某飯店的會議中心上課，飯店是主辦單位找的，我還是請對方確

認該飯店是否有電腦設備，對方回覆我飯店有，可是到了
以後飯店人員卻說電腦要自備。幸好我有攜帶自己的筆電、
提早一小時到現場的習慣，到了現場後詢問狀況後還有時
間做準備，不然真的會開天窗！

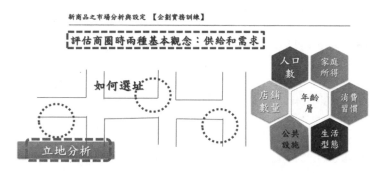

介紹選址條件以圖代字

 # 第七項準備工作：個人資歷

　　個人資歷，在本書中會經常提到，平時許多關鍵處也
都會用到，可以的話，事先將個人資歷準備好，當有邀課
機會時，就能立刻提供，不用再花時間準備。

　　撰寫個人資歷，個人過往的經歷永遠不嫌多，不像在
簡報中只提供幾項就好。因為這是要給邀課單位看的，對
方可以藉這些經歷來了解你的背景。

我建議，凡開過的課程、取得的證照、擔任過的職位、辦過的活動、參加過的社團，以及任何的過往資歷等資料，只要是可以替你加分的就盡量提供。

個人資料就是要讓邀課單位快速了解講師身分的一項途徑，除非有合作過，否則對方無法知道你真實的授課情況，所以個人資歷就是一項鑑別能力的指標。也不用太擔心資歷不夠或是授課經驗不足，從現在開始累積都不算晚！

我在還沒有到學校演講就業講座的經驗時，仍然有學校願意找我演講這方面的題材，所以我相信只要準備得當，當出現一次機會，就會有第二次與第三次機會接踵而來。

以往平均每年都有二至三場學校的就業講座找我演講，在 2017 年，光是三月份我就有三所大學共計四場的就業講座，因為時間與地點的關係，還必須推掉一所學校的邀請，對此我真的感到很抱歉。希望未來的日子裡，只要時間允許，我還是希望都能夠把這些邀約都答應下來。

我現在不太像剛當講師時，需要不斷累積經驗來證明

給邀課單位看，但如果是學校或公家機關的邀約，有機會可以回饋社會的話，我願意降價或無償合作。但若是來自企業的邀請，我則會維持我的收費標準，不太會降價！

# *Lesson 4*

# 經營行銷篇

# 4-1
# 講師市場定位

　　我看過許多很有實力的講師，明明有許多年的講課經驗，但好像跟剛出茅廬的講師一樣，在客戶的邀約與給予學員的「辨視度」上，感覺總好像缺少了什麼！

　　這是因為他們在行銷這塊沒有做好的緣故！我就用一章篇幅來說明講師在行銷的前、中、後期應該要做些什麼，除了讓新手講師學習外，也冀望能給予其他具有專業實力、行銷卻不太成熟的講師們一些啟發。

　　**前面有說過講師這份工作，其實自己就是一份商品，自己也是品牌！**

　　有些講師真的很低調，低調不是不好，我平時也很低調，但我還是會把自己當成商品做行銷！

　　講師市場定位是指講師所講授的課程方向在市場上所呈現的價值，其重點在於學員對於你與課程在他們心目中所占有的地位的認定與評價，簡單來說就是對你與課程的「**認同價值**」。

　　如何跟其他講師與課程做出區分，所呈現的個人專業形象、購買課程的意願、品牌植入的深淺度，都再再是考驗講師包裝自己、經營自己這個品牌的運作方式。

　　你對這個主題能夠說到什麼程度？聽你的課能獲得什麼啟發？聽過你的課程後可以得到什麼改變？你有何傑出經驗值得讓人付費來聽？你的課程或上課方式有何特色？有什麼可以深植在學員內心的認知？

　　這就是講師市場定位的重要性！

　　我們常常在說的廣告約需 3 ～ 5 次才能慢慢深植人心並留下印象。而講師要植入學員心中，也同樣需要至少 3 ～ 5 次的經營，為達到這個目標，你就要清楚與了解你理想的講師定位到底建立在哪項重點之上！

需要多少的廣告來宣傳講師工作？用什麼方式來敘述講師工作內容？這就是「**廣**」和「**深**」的基礎涵義。

有人會問講師要用什麼樣的廣告來行銷自己最好，其實這個問題並沒有絕對的答案。

我能夠回答的就是：有多少時間與經費可以持續不斷地去做，就是最好的廣告途徑！

你可以先決定要不要花錢來經營講師這份工作，假設你選擇花錢來行銷自己，一年行銷總預算有十萬，一次花十萬跟每個月花八千但持續一整年的行銷，我會建議採用後者！如果要一次將廣告經費花完，我會看廣告的「**張力**」與「**持續力**」，才能有更精準的答案！

做廣告不是「**花時間**」就是「**花金錢**」！

講求速度就要花錢，不想花錢就要花時間。找外面的行銷公司也是一種很好的方式，可以交給專業做。不過如果你們像我一樣是講行銷或是業務類別的講師，自己做是比較好的，不過還是要看你自己真正想要的是什麼。

　　講師廣告行銷的主要目的在增加學員或邀課單位對自己的「印象值」與「信任感」！

　　不管用哪種行銷手法，就是希望能夠讓學員對你留下印象，市場上有這麼多的資深與知名的講師與課程，如果不走出自己的一條路，是很容易被市場給淘汰的。

　　缺乏獨特的差異同樣也無法讓學員與辦訓單位印象深刻。快速讓對方產生「印象」是一開始當講師時就很重要的課題。如果可以在累積「印象」的同時，也增加「信任」給單位與學員，往後課程的持續邀約就會因為你所建立的「印象」與「信任」產生非常高的「指名度」！

　　「印象」與「信任」這兩點是一開始當講師的時候，就要去規劃與製作這方面的廣告行銷重點，因為這是能產生課程高指名度的重要影響力之一。

# 4-2
# 授課前的行銷運作

　　不管是講哪種主題，記得針對該主題課程的方向，持續寫下自己的心得看法，發表在個人的社群媒體上，還要記得做兩件事：

　　第一件事：常常更新
　　第二件事：廣泛曝光

　　所寫的文章不管如何專業，沒有人看也就沒有價值。就算只是一、兩句，越多人看到的話，被邀約的機會當然就越大。所以重點在多久寫一篇文章，但也不是說有寫就好，要時常關注自己所寫的文章，並更新文章內容或日期，把原本舊文章轉變為新文章。

　　你可能會問我，以往寫的文章為何還要關注或更新？我這樣說好了，當初寫的文章再好，時間久了，就會逐漸

被新的文章所頂下，失去被更多人看到的機會，你時常去更新的話，就能提高被新的學員或單位看到的機會，這樣不好嗎？

我用我寫的第一本書《實戰帶兵學：業務主管的自學書》來說明！

我如果不提，你又沒看過我寫的第一本書，或是你根本不知道我有出過書，當然就不知道現在這本是我的第二本著作，那你對我的印象就只有出過一本書，難道不是嗎？也因為我有反復提及，原本你可能不知道或沒看過我的第一本著作，但經過我 3 ～ 5 次的提及後，你也會知道我曾寫過一本叫《實戰帶兵學：業務主管的自學書》！當有了第一本的印象，第二本才有可能加分。

*所以說你不自己重複提，難道你還希望對方自己去找資料嗎？*

自己關心的事當然要身體力行才對！三不五時就拿出來提一下，只要不要太刻意或過度頻繁到讓他人反感即可。一段時間說一次，再配合剛寫好的新文章一起展示，這樣

別人就會知道你寫了兩篇，等到第三篇時再來一次，每一次有新的文章就更新舊的文章，這樣一直重複運作，在辨識度上一定會比其他新手講師更快達成目標！

使用這招時，還要搭配另一項手法，就算不常產出新文章，只要記得將文章放在十個不同的地方，就等於有十篇文章的效果，等到第二篇出來時，連同第一篇一起放在十個地方，就等於有二十篇的曝光量。行銷就是要持續不斷重複做！行銷不難，只是有很多講師都不習慣自己行銷自己，但自己不行銷卻又不找其他行銷單位來協助，這樣就真的很可惜了。

##  已確定有客戶邀約時

在還未確定正式合作前，記得不要太快將合作的訊息公布出去，因為有可能發生兩種情況：

1. 客戶幾經考慮後，取消與你的課程邀約
2. 有可能被其他訓練單位從中開發走

等到確定正式合作後，如非中、長期或固定的教育訓

練邀約，而是單次的講座、公開班、企業內訓等性質，可看情況先做前幾波的授課前行銷！

這裡的行銷並非是招生行為，而是要告知他人有單位邀請你講課的行銷行為，行銷的對象是尚未邀你講課的單位，一旦對方看到這樣的訊息，就可能認為你很搶手，對你的印象與評價大大加分，增加獲邀的機會！這種增加對方信任感的方法也較容易產生會想邀請你來公司授課的想法，只要能夠讓對方自然而然的產生想邀請你的行為，這就是在授課前要做的「**行銷行為**」！

一般來說，大多數講師在前期講課前的行銷行為多以招生為主，這要看課程別為何，有時候不一定要用以招生為目的的行銷方式，改用「告知行銷」的方式，告知行銷就是告知大眾你受邀講授某門課程的行銷方式，長此以往，你會發現受用無窮！

同一門課若採用告知行銷，需要告知 3 ～ 5 次以上才能發揮最大效用，你可以發表不同篇幅的文章，也可以將同一篇文章重複在各平台告知行銷。

如果不方便事先透露合作單位與受邀單位的名稱，還是可以做告知行銷，只要將名稱用產業別取代或用故事來包裝就好。

**案例文案：**

很高興最近有一家國內非常知名的展覽公司，與我接洽，希望家旺老師能夠到該公司協助業務單位與展覽行銷企劃人員進行業務推廣之教育訓練。

這是一家常在北、中、南世貿中心舉辦各領域專業展覽的知名展覽規劃公司，每年所經手舉辦的展覽活動，都非常具有指標性！不但各大協會與參展單位都非常喜歡配合參加他們策辦的展覽，該公司所舉辦過的展覽口碑好、優質又專業。這次能接到展覽公司的邀約，受邀講授課程，家旺老師也非常開心以及與有榮焉！

當不方便直接說出合作公司的品牌名稱時，可用類似上述的寫法來幫公司與自己做加分動作！

　　雖然並未直接說出公司名稱，這樣的敘述方式卻很容易讓人猜到是哪家公司，卻又無法有更明確的線索讓其他競爭者知道，這樣的告知行銷也是我常做的行銷模式之一！

## 4-3 授課當日 —— 課前、課中、課後 —— 注意事項與行銷重點

 **授課當天課前的五項重點**

授課當日也要進行行銷。當日的行銷分為課前、課中與課後三種行銷模式，當日不是只要準備講課就好，在課前、課中、課後都有非常多的小細節要多注意，越注重細節就越能夠將行銷與個人品牌發揮到極致！

授課當日上課前要做到的五項重點：

1. 第一項重點：提早
2. 第二項重點：熟悉
3. 第三項重點：測試
4. 第四項重點：互動

5. 第五項重點：調整

## 第一項重點：提早

　　我每次授課時，都會提早半小時至一小時到授課地點。我住在台北，就算在中、南部講課，如果是早上九點上課，我還是會在八點至八點半左右到達會場，也發生過我人都到場地了，大門卻還沒開的情況。

　　為何要這麼早到，可能是我已經習慣先到教室好作準備，畢竟總會有一些臨時小狀況，有可能是路上塞車之類的。搭台鐵或高鐵也都有可能會發生狀況。有一次我去台中上課，我預定從板橋坐上台鐵第一班莒光號，卻臨時聽到廣播說在樹林站處發生火車意外事故，光是等候發車就等了半小時，所幸我都預先購買最早班的車票，所以雖然遇到這起意外，我還是提早約 15 分鐘到達會場。

　　另外有一次因上課地點離台中客運轉運站較近，預計坐第一班車，沒想到客運延遲了半小時，到現場還叫不到計程車，那次雖然沒有遲到，但現在我就更注意交通工具的使用情況了。

現在我能坐高鐵就坐高鐵，能用計程車絕對不坐公車，因為會出現太多不可抗拒的變數了。

## 第二項重點：熟悉

如果是配合多次的企業或單位的話，當然會比較熟悉授課地點的環境，我還是會提早到，在教室附近走走、享用早餐後再進去教室上課。

因為我習慣將講課附近的環境稍作了解與認識，也可以當作一次有趣的探索。授課場所會因舉辦方所在位置有遠有近，區域也各不相同，所以會遇到很多區域是平時沒去過的地方，而探索附近的環境對我而言是一件很有趣的事，當然也有可能附近是較空曠的工業區或場地，但事前都先用網路查詢了周邊環境，才不會不清楚實際地點而錯過。

如果附近沒有能讓我探索的區域，我就會在高鐵站的休息區等候，等到時間差不多了再出發前往目的地。我最近都在台北講課，台北有一家固定配合的辦訓單位，我每次都會提早到附近喝杯咖啡，看看熙來攘往的上班時刻的

人潮，也是很特別的感受。

想當好講師就好好享受這份工作，這也是講師這份工作有趣的部分。

## 第三項重點：測試

測試現場設備是不可忽略的步驟，提早到的時候可以再將簡報打開來確認，即便前一天我已經看過三遍以上，現場看過可以加深記憶與課程進行的流程掌握。

也可以測試電腦設備的操作方式，雖然我會準備筆記型電腦，但還是會在學員到之前摸熟並架好要用的設備，這樣做能讓我的心境上比較從容不迫。

上課的學費有時並不便宜，如果等到上課時間才開始架設備，又要浪費十幾分鐘，對學員也不好意思，如果真的想做好一名講師，時間的掌握除了對授課進行真的很重要外，也是展現對學員的尊重與負責。

## 第四項重點：互動

提早到的好處是可以跟會場的工作人員或邀課人員先進行面對面洽談，可以直接建立更密切的關係。有時多了這一層關係，往後想持續合作時，也能夠有一個更好的切入點。

我個人認為互動的精神是：你尊重別人時，別人也會尊重你！

擁有講師身分也不是多麼了不起的事情，它是一份工作，所以不論如何，請千萬謙卑、謙卑、再謙卑，更何況這些人還是你的貴人，所以對於相關人等一定要特別注意自己的態度。

因為我每次都提早到，所以總是知道學員到達場所的先後順序。如果是那種分很多次上的課程，哪些人總是準時到，而哪些學員總會遲到，你也都能一清二楚。你觀察這些出勤習慣各異的學員，就能發現他們在上課專心度與互動多寡也有明顯差異。

　　這樣也可以與提早到的這些學員進行互動，也會因為多了這一層的互動，不管對企業內訓或公開班授課的過程，都將會有很大的助益。

## 第五項重點：調整

　　如果已是資深講師，我想應該很習慣調整心境，不讓個人情緒影響自己的上課品質；但如果只是剛當上講師的人，有時會因為當天心情或學員上課情況，讓原本的授課充滿變數。

　　有時候你可能會遇到這種情況，明明同一個主題已經說了好幾次，卻有表現怎麼時好時壞的感受。就算授課主題與教材是同一份或同一個主題，授課表現還是會產生極大差異的原因在於，你的身與心還沒有調整到一個很穩定的狀態！

　　提早到可以消除這方面的變數，每個人每天的心情與想法可能會因為天氣、身體狀況、內外環境干擾而產生些許變化，若沒注意到這些變化而去調整時，就會影響你授課時的表現。

我有時會有一天連講六小時或七小時的課,中午休息時我就只吃一個三明治或御飯糰,不會吃很多,把身體狀態調整到跟早上一樣,不然很容易因為時間推進,造成講課注意力無法集中的情況,假如講師都無法振作精神的話,聽課的學員不趴成一片才怪。

以上這五點,就是我在授課前會做的五項準備工作。有好的表現也是整體行銷的一個環節。上完課後我會在網誌或知名網路平台上,抒發當天授課的心情,或將沿路所探索到的人、事、時、地、物等狀況或是路上體會寫下,來告知其他可能會感興趣或關注我的朋友與學員,藉由這樣的文字傳達,讓其他還未找你的客戶對你這名講師產生興趣!

##  授課當天上課中的五項重點

### 第一項重點:品牌宣揚

許多知名或資深講師擁有非常高的名氣,即便沒上過課的學員也都知道他們的名字,可能會因為講師的名氣慕名而來,這些都是你們要學習與努力的方向!

　　如果你只是個新手講師，或剛踏入講師這門領域，但你的課程主題與內容非常吸引人，也是會有學員前來報名。除了上課內容的品質你要堅守外，你也要開始學著宣揚自己講師身分這個品牌，才能創造更多人氣！

**你叫什麼名字？你來自哪裡？**

　　是的！授課中你要做一項重要功課，就是要將你的名字「烙印」在學員心中，直到課堂結束為止，這也是當講師的品牌操作之一，利用上課時間讓學員記住你是誰！

　　千萬不要覺得這很容易，有些講師雖然能在課堂中讓學員稍稍記住自己，但隔了一、兩天之後，學員對講師的印象可能隨著時間而慢慢淡掉。所以當了講師後，隨時隨地都需要自我品牌的宣揚，也需要好好包裝及運作！

　　每個人當講師的原因都不同，當講師的人也很多，因此能夠讓別人記住自己的名字，這在任何行業都很重要。講師由於工作的關係經常要面對不同的學員與聽眾，所以要培養讓對方牢記你這個人的技巧才行，因為也許當課堂結束後，對方就一起把你的名字拋諸腦後了！

## 第二項重點：風格建立

　　每位講師的上課風格都不相同，有的講師喜歡用活動、有的講師喜歡用小組討論、有的講師喜歡翻轉教育、有的講師喜歡用測驗、有的講師喜歡用點名方式請學員回答、有的講師喜歡講笑話、有的講師一板一眼、有的講師不喜歡用簡報但喜歡用白板。

　　你喜歡哪種上課方式呢？上課方式可以在剛當講師時慢慢建立起來。

　　我現在的風格跟幾年前、甚至跟出來當講師時相比，可說是相差了十萬八千里，上課風格之所以有如此大的轉變，是從每次經驗與過程中自己慢慢調適與調整過來的，為的是讓學員能有舒適的上課過程。

　　我目前的授課風格，主要是用輕鬆且簡單的方式引導學員吸收學習。上課時，我都把學員當成朋友，進行互動，而在指導方面，則是用自己所繪製的流程圖或概念圖來解說，圖表的呈現有時會比文字更容易讓學員看懂！不論你要採用何種上課方式，都可以自己先多方嘗試看看，再來

決定哪種方式適合你。

上課風格也正是在展現你的特質，不過在教材製作方面，還是要認真看待自己的工作才行，也要認真製作與設計呈現想敘述的事項，如果期望學員能夠看重你，那你自己就要認真看待你的工作！

## 第三項重點：自我檢視

剛開始上台講課時，可以準備錄音或錄影器材將自己的上課過程給錄製下來，課程結束後，就可以播來了解自己的說話方式與舞台動作，也可以檢討改善替下次上課做調整。凡是看過自己初登場的表現的人，應該大都會臉紅心跳才對！

因為可以看到一位偶像的誕生！

我第一次聽到我講話的錄音後，吃驚地問自己這到底是誰啊，這樣的程度也敢出來講課，但講課當下，我真的自認為表現還不錯。現在我偶爾還是會聽聽自己以前講課的錄音，作為讓自己調整與改進的方式之一。

使用錄影錄音之前，記得不要未經允許就將其他學員都錄進去，合照就算了，但如果你要將全體錄影進去，記得要先詢問過每個人的意願！

我的錄影通常都是錄我自己的上課表現，目的是要看自己的肢體動作，是否有多餘或是太奇怪的表情與動作，也可以了解自己在當天的表現之後，給自己打分數！

然而就算當下給自己打的分數再高，幾年過後，再重新看一遍時，也許會有不同的評分也不一定！

## 第四項重點：加分準備

除了基本教材外，我還會額外準備一些祕密資料或是獨特精華，準備在適當的時機，再提供給學員學習！

使用這些補充教材的話，我不會占用太多授課時間，也會事先經過學員同意才拿出來用，在上到有關聯的部分或剛好帶到時，才會將加分教材拿來使用。

課程一定要先規劃過，在授課中流程運作之處要掌握

的恰到好處，要達到這樣的境界必須在課前就排練多次。不管你是不是隨心所欲的講師，只要授課經驗還不多，建議要不斷重複模擬與練習！

我知道有些講師是靠感覺來上課的，雖然教材還是同一份，但有可能因現場狀況不同而說不同的內容。

有時我也會跟著當下的感覺走，這樣並沒有不好，每個學員的程度與背景，還有當下學員學習的氛圍每次都不一樣，講師感受到這些變化後很自然地會將要說的話做個調整，讓不同的學員依照自己的情況進行學習吸收。

小小建議：最好是在同個課程已經講過很多次以後，再開始使用這樣的方式，如果還不習慣課程流程的掌握，就要不斷進行模擬！

## 第五項重點：結尾溝通

當課程時間到了的時候，如果能不耽誤學員下課是最好的，如果會延誤下課，就表示你的課程進度流程掌握還不是很純熟。

　　就算到現在我都盡量在時間已到時準時下課，但也要跟曾經被我延後下課的學員說聲抱歉，雖然我想盡好講師的責任，把內容講完，但延後下課時間就是不行！

　　課程結束前最好留個十分鐘，將今天的課程重點簡短地重述一遍。有些課程一次就持續六小時，等到要結束時，不管你中間說得多精彩，學員不可能還清楚記得上午的內容，整天的課或半天的課其實都一樣，人的記憶是有限的！所以課程最後再複習一遍課程重點，有助於「**喚醒**」學員學習記憶與認知。

　　複習課程重點的好處，也在提醒學員今天有上到什麼內容，讓他們不要忘了今天來上課的動機與目的。

　　我有時候在台北上課，會有中、南部的學員上來聽課，雖然現在交通很方便，但我很清楚，不管交通是否方便，還是得提早起床坐車與準備，我真的很感激這些肯為我遠道而來的學員，因此我不希望來上我的課程都沒有收穫，也不要因此而浪費了時間！

**授課當天課後的注意重點**

將來會有學員願意與你們交換或給你名片,我因為有跟辦訓單位配合,合作期間我不會跟學員交換名片,以免讓單位認為我有私下接案的行為。但有學員遞名片給我,我都還是會禮貌性地收下,因為這表示他們沒有排斥我的課程,所以有學員給你名片時,你們還是可以欣然收下。

很多講師會認為只要把課講完就好,就去準備下一門課了。對於像我這樣的行銷或業務型講師,課程雖然結束,另一波的行銷卻正要開始。

在課程結束後,建議各位新手講師在三個小時以內,寄封感謝信函給邀課單位或辦訓單位,另外傳封感謝簡訊給有遞名片給你們的學員,感謝對方今日的參與。

我對職業道德很重視,所以在公開班課程後,我仍不會與學員有其他課程的接洽事宜,因為這是我對自己的承諾,建議想當講師的人也要注意這些細節。

不管回到家的時間有多晚,記得將當日的授課心情寫

成一篇感謝感想上傳到你經營的網路平台上。等到往後課程逐漸增多的時候，也許隔天還有課程要講授，實在沒辦法在當天寫感謝文的情況外，最好還是養成越快上傳到各個網路平台上，告知的廣告效果會越好。有時拖了幾天後再動筆，當時的感受都已經消失，寫不出臨場的感覺，這可以給你們當做講師品牌經營的參考。

# 4-4
# 課程結束之後的整體行銷運作

 **小事大化的行銷模式**

許多講師有在事前或課程當日做行銷的習慣,但上完課後,大多數的人就只是告知學員他們有跟哪家企業或單位合作,就結束了。

在我看來,這樣做真的有些「虎頭蛇尾」。行銷要持續不斷才行,不管多小的企業或多小的活動、報名人數再少,只要有課程就要宣傳、就要包裝。許多知名講師這部分就做得很好,如果你想早日超越他們,那從現在開始就要做得比他們還多、還仔細才行。

那何謂小事大化?大家通常是習慣大事化小,好像沒聽過小事大化的說法!

　　我用一個場景來做說明，在一間可以容納 50 人的教室中，有五個人坐在最前面的講台前，圍著正中間的桌子在一起討論事情。

　　先把場景拉遠，用站在後方門口的視野來看整個室內，所看到的是這間教室只有五個人，有許多空置的座位、黑板、講台等的一個環境。這間教室很多地方沒有被利用到，這麼大的空間，卻只有五個人在使用，即便這五個人討論地很熱烈，但教室還是空蕩蕩的一片並沒有改變。

　　接著將視野開始往這五人靠近，只聚焦在這五人與他們正在討論的事項上，那麼後方過多的桌椅與前方的黑板與講台就會消失不見，這時你會發現，當你把距離拉近與拉遠來看同一個事物，因為焦距視野的不同，感受也會不一樣！

　　而小事大化就是要塑造空間感與事物的重點擺放，要讓這五人變成別人的注意焦點，而非看到這五人以外的空曠感！

　　另外一個重點是，假如你就是這五人當中的其中一位，

要怎麼做才能讓其他四人把焦點全放在你一個人身上呢？

這就是小事大化的能力！

每堂課總有應該被注意的事項，不會只有報名人數這個重點而已。參與人數多當然值得驕傲，現在有一門課，一位學員只收少許費用甚至免費，跟只收幾位學生，但每位學生都收一至二萬的學費，你喜歡哪種方式？有些講師的課程收費就不只一至二萬！哪種方式都沒問題，因為就算一位學員只收 1 ～ 300 元，但報名人數有上百名，也是一筆可觀的收入！

上述只是在舉例說明，要看講師課程的定價重點，也要把對自己本身有益處的事項盡量提出來才行，這也是行銷自己就是講師品牌的重點要項之一！

##  埋下誘因的行銷模式

講完課後，講師與邀課單位的關係很多都只剩下請款、付款這個互動而已。有些單位有申請某些政府補助的項目，例如大、小人力提升計劃或是產業人才投資方案等補助案，

如果想更進一步了解，網路上都能找到很詳盡的資料。

　　講師之所以有課能上，大多是因為這些補助案的關係！因為有政府補助所以課程邀約很穩定，但也有缺點，就是費用都是維持一定金額的講師費，建議除了這些課程外，也要開拓一些自費課程的邀約與舉辦，收費可以高出行情許多，也不至於讓你們的專業廉價化！

　　而專以補助款來開課的企業，因為要符合補助款申請的方便原則，還是會推以專業有關的課程，像是經營管理與財務相關課程方面的老師就是他們主要邀約的對象！

　　想往這方面走的講師，課程規劃就要以企業單位較能接受到申請補助款且需求度較大的方向來製作為佳，成為受邀對象就能更為順利。

　　那要如何埋下誘因呢？

## 第一種模式：以多堂課程規劃為主要方向，而非單一主題單元

　　「經營管理主管十八小時培訓」或「二十四小時課程」的課程規劃，就比三小時或六小時的課程規劃來得巧妙。你想想，如果是規劃成十八小時的培訓課程，每次上三小時，你就等於有六次的邀約，而三小時或六小時的課程一、兩次就能講完，邀約次數明顯少很多。

　　將課程規劃拉長，除了可以講得更深入外，也表示你有更多時間可以花在跟學員的互動上，增加他們對你的「信任」與「印象」。因為課程時間長，所以也較能建立更好的互動關係，試想只有講一次課程，跟講過五、六次的講師，誰帶給學員的印象更深刻？而且只用一堂課，不見得所有重點都能講到，也容易讓客戶覺得你的能力普普通通，沒什麼過人之處；將課程分成好幾堂來上才有可能把不同面向的精華說得更完整，詮釋也會更清楚一些。

　　有些公開班的課程就是一次性的，一次性的講課風格與系列性的講課風格會有稍許不一樣，後續將會再深入說明。

以我自己為例：我講過的業務主管培訓課程就有兩種模式，一種是系列性的，一種是單元性的。

**1. 單元性課程：**

單元性課程不是公開班就是講師與培訓單位合作所開設的，內容方向也有兩種。

第一種是基礎型：就是以要如何當上業務主管做為課程方向。

第二種是進階型：就是以資深主管如何帶領新、舊部屬，以及如何提高績效這兩個面向為主要課程方向。

這種在短時間內要把龐大的概念與執行方法傳授給學員的課程屬性，我的講課速度與內容進展就會用比較快的節奏。由於時間有限，讓學員能快速吸收與成長是我主要的目標設定。

這種短時間的課程優點在於，內容全都是精華，你所說的每句話都是重點。但缺點是，因為每個人吸收程度不

同或是根基不同，雖然都是精華但有可能無法完全意會！

## 2. 系列性課程：

我幫企業內訓時就會以系列性課程為主要課程設計，選定一個主題後再分幾次說完，每次都會有一個小主題，當做全部課程的連貫！

我用業務主管的培訓來做說明，這裡面的課程就會包含：

①人員招募
②團隊激勵
③時間管理
④目標設定
⑤績效提升
⑥會議技巧

上述六項單元基本上就可以當作每堂課的小主題，不過這些小主題還是可以規劃成三小時、六小時、九小時或十二小時的課程，時間是長是短就取決於你希望課程的細

膩度！

我建議企訓課程還是採取系列性規劃較為妥當，先不論授課時間變多這個好處，提升企業內部對於課程實際運用的成果才是最重要的考量因素！

## 第二種模式：課程要設計檢視與實際操作檢驗的後續功課

上「人員招募」課程時，我會出二道功課——人員招募話術與實際招募的作業——給所有學員，並在下次上課時檢視成果，除了能讓學員有機會將上課內容拿來實際運用外，透過後續的檢視也可以了解學員是否有真正的吸收內化！

有了所謂的功課或作業，進行企業訓練時就不用擔心學員不努力，因為這些作業成果可以拿給企業主看，員工為求表現都會盡力完成功課的。也不用怕學員分數給太低，只要跟其他學員比對學習成果，就可以知道這些學員是不是被迫學習或不想進步。

那些會給講師很差的分數的學員，有可能是認為自己比講師還強，或是完全不想學習的心態，所以檢驗功課成效，就能有效了解學員真正的想法，也能促使心態隨便的學員改正態度，畢竟老闆會看成效！

照以往的授課經驗，有活動與互動的時候，學員反應會比較熱烈，因此可以考慮在課程中安排一些活動，但光只有這樣，還算不上是強烈的誘因，要讓學員還想指名找你上課，就要加上會讓學員再次回頭的宣傳！

## 第三種模式：預先告知與製造下次見面的期待感

預先告知就是先提供跟下堂課有關訊息的告知，先做預告動作，如此一來，就能了解與調查學員是否感興趣，下課後也能讓他們現場報名。許多講師會用這種方式，當天課程中就會先確定下次課程是否有足夠的報名人數。

另一種方式是製造下次見面的期待感，有的講師會給予獎勵或是優惠折扣，吸引更多學員報名下次的課程，例如再推薦兩位學員，自己就能免費上課，或是下次參加系列課程將給予九折優惠等，都是讓對方感受先得到好處的

承諾的行銷模式。

有些課程動輒好幾萬元，如果可以免費上課、課程本身也相當熱門，當然會吸引學員積極參與。

像國家或某特定考試為主的課程，有些自辦學程的講師，會用保證教到考上為止的行銷方式招生，這種好處就是只要有些人沒考上，就會成為下次開班的固定班底，不用擔心下一次招生人數不足，只要能招到不會虧本的人數就很容易開課，也就容易有第二期、第三期的學生來報名！

新的學員看到能持續不斷開課，必定會覺得這位講師有兩把刷子，每次都能開課成功，而且場場人數都額滿，上他的課一定能有獲得。這種模式容易讓學員建立你是一位知名好講師的印象，不妨考慮這方面的行銷模式。

另一種埋下誘因的方式，也是許多講師常用的行銷手法，就是引導學員寫下課程對他們有何種幫助，當學員朝著課程對他們有何助益的方向思考時，他們的思考模式也會受到潛移默化，當他們說講師好的時候，就只會思考講師為何好，而會忽略掉不好的地方！

# *Lesson 5*

# 個人品牌篇

# 5-1
# 你的講師品牌故事

　　記得我剛開始時，因為想當講師所以就來做了，完全沒有想到要如何做，光憑一股傻勁，這似乎也是我唯一的長處。但也看到許多曾立志要以講師為志業的朋友一個一個退出戰場，只能說講師這個工作跟其他行業一樣，要先做市場調查與分析。

　　你要先知道要往哪一塊領域進行或是挑一塊重點市場深耕是很重要的事項，也要問自己為什麼想從事講師工作。如果你還沒有下定決心，或缺乏明確目標，建議真的要認真考慮是不是真的一定要當講師！

　　常問的問題：我適不適合做講師？

　　在此告訴你們：「沒有適不適合的問題，只有心態有沒有準備好要做講師的問題！」

　　講師是一份看似「很體面，又能夠自我掌控時間、上班時間自由彈性的一份工作」，但那是對真的了解講師是什麼樣工作的資深講師而言，如此的夢想離新手講師來說，其實還長遠得很。

　　在剛開始當講師或是初期自認是講師的時候，你們會發現講師這個職業跟業務的性質很相近，而且根本不是一般人做得來的工作。

　　大部分的講師在剛開始的時候，都沒有固定的客戶群，為了尋找任何授課的機會，需要一直毛遂自薦。即便找到邀課的辦訓單位，洽談好課程邀約，辦訓單位也需要籌備期，所以訂下的日期大多是兩、三個月之後，這段時間你也只能等待。

　　好不容易上課時間快到了，卻收到對方通知說：「老師抱歉，因為這次招生人數不足，所以無法開成。」不知你們能不能體會這種期待很久，最後卻失落的感受，很多講師跟我自己都有遇過這種時期的煎熬。

　　課程從邀約、籌備、到最後是否開成，一來一往間半

年的時間就過去了，一旦課程無法開成，原本的辦訓單位就可能不會再次聯絡你。運氣好一點的話，辦訓單位會再給一次機會，但如果還是沒有開成，這樣一年的時光又過去了。

在這裡我的建議是：一開始就要經營自己的講師品牌，不只要有行銷方法，還要跟行銷或業務人員一樣勤跑各家辦訓單位，推銷自己，推銷的商品就是你的課程！當然也可以找電話推銷人員來幫你電話行銷，只不過又是一筆可觀的費用。

初期每天都要花許多時間與心力製作教材與文案，因為是在經營自己的課程，為將來鋪路，所以沒有所謂的正常上、下班或週休二日，甚至就像是責任制一樣，常常放假日還要配合客戶的時間進行說明或授課、還需要參加外面的各種聚會活動，你們說這樣的工作，辛不辛苦？

我也曾經因為分身乏術而把案源放給其他新手講師的情況，但有時也會遇到一些新手講師希望我與單位配合他的時間。初期不是應該為了要有多一些機會，而要主動配合對方時間的態度嗎？怎麼還會要對方配合你呢？

現在的我則相反，有新接洽的客戶時，我會跟對方說需預約多久後才能授課，那是因為我已經累積了一些顧客群。但基本上如果還是新人，我則還是建議你最好先配合對方的時間點，對你可能會好一點。

除了授課外，我還要經營自己的公司，我也在當企業顧問，因此要幫客戶做產品的市場分析與資料蒐集，這也需要時間，所以當然需要事先預約！

如果時間真的無法配合，我不會硬接案子。但如果還是新人階段，除非本身資歷背景雄厚到別人可以為了請你而排隊，不然不要要求對方配合你，因為對方未必非你不可。新人講師的機會已經夠少了，真的別讓難得的機會給溜掉！

「沒有表現的機會，你空有本領也沒用！」

願意給機會並不代表對方一定會找你！你有可能會遇到陷入提案不斷被客戶退回的輪迴中，還會有開始沒收入、偶爾沒收入、常常沒收入的心理壓力，後續還會產生因為沒收入而延伸的自信問題、負面問題、家人問題、感情問

題，這樣的壓力你可以承受嗎？

所以，好好經營自己的講師品牌來為自己加分吧！

沒有「**辨識度**」怎麼能夠有被人發現的機會，你到底是誰？你想傳遞什麼訊息給看到的人？

這個業界講師真的很多，我一開始不是只講業務談判銷售與行銷的課程。我什麼都講，因為我想把握每一次機會！連鎖加盟也講、經營管理也講、人際關係、人力資源等，我都嘗試過，但老實說沒有一個人是全能的，你可能以為你得到一個機會，卻也同時錯失了另一個機會。

我發現這樣下去並非長遠之道，後來我慢慢調整，專講業務談判與行銷課程，成為別人可以簡單清楚辨識我的一項特色，我不敢說自己在業務人員與行銷單位的訓練中很有名氣，但的確讓我自己的客源趨於平穩。現在除了老客戶，我很少做新客戶開發，因為除了辦訓單位會主動找我外、學校演講、企業內訓，甚至上市（櫃）公司的年度激勵與業務訓練大會與年會，也常邀請我去。

　　我的重點是：發掘並深耕自己最擅長的課程，讓你自己能從眾多知名老師、或與你同樣領域的競爭者中殺出重圍，非常重要的一點，就是擁有客戶指名的辨識度與品牌張力。

　　我退伍出社會後，歷經過的職涯有五個階段：業務、業務主管、企業主、講師、顧問。

　　還記得我剛做業務第一天去公司上班，心中惶恐不安，沒有社會經驗、沒有豐厚的學識背景。也不了解職場該注意的事項、不知道如何進行業務開發，完全不了解業務工作，我想當時公司的同事應該都在賭我什麼時候會離職吧！

　　我所待的那個單位是有績效才有獎金收入，完全沒有底薪，等於一個完全沒有背景的人，沒有任何存款與收入，就踏上業務這條不歸路！

　　我印象最深刻的就是剛做的時候因為沒收入，所以還要跟朋友借錢度過幾個月，每天只能省吃儉用，早餐只吃15 元的原味蛋餅，連小杯的飲料都不敢點！

上班的時候也聽不懂公司晨會所說的任何廣告與行銷的術語，坐在辦公桌前，雖有電話名單但始終不敢拿起來打或拿起來後按不到兩下號碼又立刻放下話筒，傻傻地坐了好幾天。因為沒有底薪，同事也不太管你要不要繼續做或會不會做，因為遲遲不敢打電話推銷，後來才轉作陌生拜訪開發，才漸漸了解到什麼是業務，要怎麼做業務！

當初去客戶拜訪時，也不太敢說話，能夠把資料遞給對方，就算是我的開發極限了！由於一次、兩次重複著做，對於業務的工作終於有了更深刻的體會。半年後有一次老闆陪同我去拜訪客戶，想了解我的進度與情況，我直接跟500大公司的人資主管侃侃而談。老闆對我的表現嚇了一跳，他驚訝地說我跟剛進入產業時判若兩人，直說我說話技巧提升很多，以前是連話都不敢說，那時卻能夠侃侃而談，連我自己都感到不可思議！

我在26歲時達成自己的創業夢想，如果沒有當業務那時的鍛鍊，我想也不會這麼快就達成自己一直想要達成的夢想。因為有這方面的歷練，2000年成立公司之初，我運用業務談判與行銷策略，開發到許多知名企業的合作，讓業績穩定成長，甚至還一度因業績擴大，而搬到台北市中

心更大的辦公空間。

可惜五年後公司結束了，我卻得到了「失去時才懂得珍惜」的認知。

後來我跑去從事不動產，前四個月新人時期就賣掉十間房子！

我得到一個心得，在成功的道路上，誰都可能背叛你，但「努力」不但不會離棄你，還會是拉你成功的第一位貴人，而且是永遠的貴人！

真的搞懂業務的精髓後，不管換了什麼樣的工作，都不會是大問題。後來到人力銀行協助連鎖加盟相關的展店活動，因為需要舉辦多場講座與招商活動，成為我正式接觸與成為講師的契機。我曾當過多次連鎖加盟展的協辦單位，協助許多參展總部，常看到許多講師站在舞台上閃閃發光的表現，當自己有機會上台時，也就盡量把握住機會表現自己。雖然當時表現得不夠好，但我也更清楚未來該如何讓自己更加進步。很多講師的能力提升都是從不斷授課或演講的表現中慢慢改進與進步，沒有人一開始就是完

美的。

我後來也進修顧問師班，還有職能的課程，也上了很多不同專業領域老師的課程，甚至再回到學校重新學習。因為重新進修，造就了我現在獨特的授課風格，也才有現在對於業務與行銷方面的獨特見解。

我的談判議價與行銷課程上使用的教材，都是由我的過往經歷與實務經驗所編製而成的，有來上我的課的話，會發現教材內容有別於傳統的課程教學，連我的授課風格跟其他老師亦有極大的不同！

2014 年我出版了第一本書，非常感謝出版社的各方協助，不但後續有電台專訪，還上到金石堂預售榜的第二名。從這些歷程中我又領悟到了一件事，會做不見得會教，會教不見得會帶，會帶不見得會編寫教案，會編寫教案不見得會寫書成為作者，會寫書成為作者不見得人人都可以成為「講師」！

所以我將成為講師的過程與擅長的業務行銷經驗兩者結合，成為我以業務與行銷為主軸的訓練重點。我的第二

家企業也在 2011 年成立，算是另一個小小願望的實現。

在與企業人力資源或辦訓單位的課程接洽窗口洽談時，如果沒有讓對方事先能夠認識或了解的準備，是無法在第一時間就將你們牢記，並且對你們產生信心。

一般的行銷策略與廣告方式很難第一次就讓消費者把產品記起來，除非廣告內容特別有趣。

所以為了在初次見面時讓他人對你有印象，可以試著說出好記的綽號或簡稱。遞名片時 30 秒鐘的自我介紹，或在會面結束後傳一封 E-mail 與簡訊問候對方等等，這些目的都是為了讓自己的形象能夠深烙在對方心裡，因為印象的建立最少需要 3 ～ 5 次才行。

而品牌故事就是在做印象延伸的先前準備！

這一篇我用自己的品牌故事稍作說明，好壞與否，都期望能夠作為你們的範例，讓看到的客戶有所「**感同身受**」，覺得你的故事也是在講他們的故事一樣！

## 品牌創立：新產品企劃

第一步：撰寫品牌故事 塑造 豐富 情感

證明 過程 事實 第二步：品牌歷史流程

第三步：重複告知優點 口碑 傳承 信任

激發 促進 長期 第四步：創造識別口號

品牌創立的四個步驟

# 5-2
# 從零開始建立的歷史

想要延伸故事的「**完整性**」與「**力道**」，第二步就是要建立你的歷史。有了歷史就能夠讓想了解或認識你的人，快速的做出第一印象的判斷。

有較深刻的印象後，對方才有願意想再了解你的授課方向及重點。跟你聯絡時就能知道可以洽談哪方面的課程，邀約成功的比率就會比其他講師還要高一些了。

很多講師可能會這麼說：「什麼課程我都可以講」，想藉以提高邀課的比例！

對辦訓單位或一般企業的邀課人員來說，這句話其實是「無法辨識你與其他講師的不同，或是較為專精的地方」！

所謂的創造歷史就是說，你在哪些時間點、有哪些特殊事蹟想要訴說或傳達給別人知道的？

也可以告訴別人，直接傳遞你想授課的項目或給予對方一種信任度！

##  歷史建立的注意事項

1. 是否具有讓小事變成大事的行銷能力
2. 所告知的歷史不能造假，誠信很重要，而且也很容易驗證
3. 珍惜每一天，因為每一天都會成為歷史
4. 歷史要有紀錄，不管是文字、照片、錄音、影像，能夠有佐證最好
5. 就算不是在授課，每天最好都要有寫筆記與做紀錄的習慣
6. 歷史不見得只有好事才叫歷史、它其實是會造就你們現在的情況

品牌故事的歷史其實就是將過往串聯起來，在什麼時候做了什麼事情，每一段歷史過程是否有可以作為連結的

緣由與結果，這是可以說明為何你們現在可以擔任講師這份職位，一項很關鍵的因素！

是學習經驗？還是工作歷程？或是曾擔任過職務？這些都可以寫進歷史當中。既然稱為歷史，那麼當然要把時間寫上，讓他人可以快速了解你的過往歷程，哪些年得到過的獎項、哪些年做過的事蹟、哪年獲取的表揚與表現，都是可以寫進歷史中讓他人了解。

所以記錄工作也是一項重點！

現在已不同於以往，以往保存紀錄或相關資訊與證明都要花時間與技巧。現在人手一機的時代，隨時隨地錄影拍照都很方便，畫質也都有一定的解析度，還可以現場直播，可以說現在人人都可以是講師！

如果一開始並沒有太多歷史可以宣揚，或過往都沒有留下紀錄（我剛開始也是如此），那我建議你開始積極參與外界的各項活動，參與這些活動就會成為你的歷史。也可以去上些課程取得結業證書來充實經歷，凡是能將現在與過往做聯結的事，盡量多接觸，這樣可以讓你講師的身

分更加分。

##  快速增加歷史的三種方法

### 第一種方法：拜知名老師為師

　　有些老師會招收入門班弟子，加入後可以學到老師的課程精髓，也可以用老師的名義去開設相關課程，成為許多新手講師最喜歡採用的途徑之一，但這是要收費的，不會有免費的午餐可吃這件事，有些在訓練完後，甚至還要繳費再去回訓。

　　這種講師養成模式在業界算是很常見的方式，另外還有兩種變形的師徒制運作模式：

　　第一種：要取得某種證照與資格，通過測驗後，就可以講授同門課程，屬於一種變形的師徒制。

　　第二種：有關身、心、運、命理等相關課程，用牌或用相似手法來運作的類型。這類講師製作類似塔羅牌的道具，待入門弟子上完系列課程後，可以用進階方式來取得

課程授權，這樣就可以進行相關的課程教授與知識傳遞。

以上兩種都算是變形的師徒模式，都可以學習與參考！

## 第二種方法：積極參與協會運作

直接加入有課程開設的協會，成為會員，也是成為講師的一種快速入門途徑。只要積極參與會務運作，不但可以認識其他講師，還可以增加授課機會，通路與背景都可以同時擁有，這也是我建議新手講師可以採用的方式。

這些單位會有內部試講、試教的機會，而在座的會員都是你的練習對象。雖然只是試講、試教，只要將這些機會當作正式訓練來行銷與推廣你自己，把握每一次上台的機會，除了可以累積身分背景外，也可以增加背景後的資歷。

加入協會與學會還有一個好處，只要你在某領域中累積了一定程度的名氣與經驗後，往後開發客源的時間將能有效縮短，甚至還能有機會講授政府補助的課程，如人力

資源提升與產業人才補助的課程，當講授這些課程時，又可以快速累積你的背景資歷，可謂是好處多多。

## 第三種方法：與其他老師合辦課程

如果沒人找你們開課，那就去找別人合開課程或講座。也可以邀請我一起合辦，只要你們願意的話。

找其他講師一起合作開課也是很常見的模式，這類型常採用「**辦訓、公開班、講座**」的講課方式。可以找知名講師，也可以找有實力、但還未有名氣的素人講師一同舉辦免費講座，不但可以打響自己的知名度，也可以增加講課的經驗與背景。辦訓單位也常用這樣的手法開課。

運用每個人不同的經驗與人脈，來吸引更多有興趣的人報名，只要三、五位講師一起合辦開課，光是在宣傳海報中，就會讓人覺得非常有氣勢。如果再運用背景資歷塑造講師個人魅力，更會讓人覺得不聽可惜的感覺！

找其他講師合辦課程的模式有三項重點：

1. 場地：選擇大型會議中心或設備與場地規模具有相當水準的會場為主。

2. 主題：選擇更加專業的題材或用研討會的形式來舉辦。

3. 人數：越多人參與更能顯現聲勢浩大，知名度更可快速提升。

　　大空間能讓人產生有規模的印象，而專業的主題可以為你們的專業形象加分。至於人數，只要每個講師各自動員自己的人脈，人數多寡都不是問題。這三點訴求不但能為你們加分，也都不難做到，有興趣的話可以拿來試試！

# 5-3
# 如何訴說講師品牌優勢

1. 曾經有講過比別人更專業的課程嗎？
2 有能讓客戶滿意，再度回流的事蹟嗎？
3. 有讓新客戶看到後能夠信任、值得放心的成功案例嗎？

雖然我們常說做人要低調，但不主動告訴客戶你有哪些長處，還希望客戶先做好身家調查，再來邀約你授課，這樣似乎說不過去。即便客戶事先做調查了解，你能確定他們是否會因為你的資訊而對你加分呢？

 **低調還是高調的講師行銷法則**

只要別人不清楚你有何優點，那就等於沒有優點！

以下就是家旺老師的**優點**！我這裡的優點不是說我自

已講得很棒或講得很好的這種「老王賣瓜、自賣自誇」的形式，而是用其他的方式來顯現我有講課經驗或能力可以勝任該門課程的講師！我先不包裝，而用最原始的文字來說明！

## 一、在訓練經驗方面

大、中、小型的培訓達 1,800 場次以上

包含：產業人才投資方案／人力提升計畫／公家機關與學校／企業內外訓／業務新人訓練／企業年度訓練／公開班與講座等。

## 二、在授課領域方面

業務開發／議價談判／業務團隊管理／士氣激勵／品牌經營／人力招募／績效團隊建立／商品行銷策略／商品銷售企劃／時間管理與目標設定／業務技巧／服務與客訴處理／公共關係經營／顧客維護／創意思考／內部講師培育。

　　目前正在學習非營利組織行銷企劃與操作，希望能將擅長的行銷領域拿來幫助更多的人，所以非常歡迎非營利組織來找家旺老師合作！

　　如果我沒有將授課領域與訓練經驗寫出來，假設你是辦訓單位的承辦人員，會來找我授課嗎？或是會相信我是能講這些課程的講師嗎？

　　如果沒什麼講課經驗，就不用刻意強調這個部分，也可以省略不寫，可以說的部分就盡情發揮。

### 案例一

　　假設你想講「業務開發」的課程，那就要說明你為何可以教這門課。

**說明：**

台灣兩岸企業行銷有限公司／宋家旺　總經理

從業務基礎開始做起，做到業務主管，再自創企業，

而後擔任多家企業業務人員訓練講師，一一協助各家企業創造不同的績效奇蹟。

對於業務工作的認知是「**沒有不可能，只有肯不肯**」。講求實戰業務因果論，「有因就有果，因果必相存」的概念。如遇到個人業績進展不順，或團隊績效無法突破困境的人，歡迎來聽家旺老師的課程，相信一定能從扎實的訓練中，提升自我能力，創造個人佳績！

這類型的描述方式，就是結合過往經驗來敘述，為何你可以當這門課程講師的理由。敘述文字雖不多，卻能簡單而直接地傳達出，你有資格教「業務開發」這門課！

**案例二**

想講授「業務人員時間管理」課程時，又要如何表述自身優點？

**說明：**

「可以用文章的包裝方法來運用！」

好的時間管理有三項基本要點！

### 時間管理基本要項一：掌握每天重點事項

要做什麼？工作內容為何？要花多少時間？我們要做好業務工作，就要先做好時間管理，將事情依輕重緩急的程度排出順序，再依自己的能力將待辦事項按優先順序依序完成。不是工作時間長就代表努力或是績效好，很多時候業務人員都在耗時間！真正有效率的業務人員一天大多只做 3～5 小時，其他時間多是在做準備工作，不做準備工作的人每日的行程必定都只能靠臨時的邀約，所以應該先將每天重點事項劃分為 A、B、C、D 四種優先順序！

A、B、C、D 四個等級其實代表的是達成目標的做事順序，由基層開始一層一層往上堆疊，最後才能產生關鍵效果而言。做好 D 等級的日常工作，才能升級到 C；然後持續 C 等級的準備工作，才能升級到 B；等開始做 B 等級的事項時，就會產生對績效有影響的情況，最後升級到 A。當 A 等級的工作事項開始運作時，表示績效開始產生。

用這樣的方式可以很清楚知道，當天關於工作的時間

管理中，是否有足以產生業績的正確項目，也能確認當天
是否有浪費在無意義的事項中。

**時間管理基本要項二：簡化工作流程**

有些人在上班前就已經吃完早餐，甚至已經開始工作；
有些業務不但上班快遲到，開完業務會議後，又跑去附近
去吃早餐，等吃完早餐後已經近 11 點了。

不同的業務人員對於處理工作的態度、方式與過程也
不盡相同，對於時間的掌握也會不一樣，所以要簡化每日
的工作流程。每天都要開會、要準備資料、要開發新客戶、
還要去簽約或做簡報，明明大家的時間都一樣多，為何有
些人就可以游刃有餘、績效很好，有些人忙得人仰馬翻，
業績卻總是差強人意？原因就出在時間管理，沒有把事項
簡化所造成的差異！

**時間管理基本要項三：合理訂出正確目標**

我每次只要講到時間管理，就一定會說到目標設定，
這兩件事是密不可分的。不論是不是當業務，其他工作也

都一樣，只是業務工作因為有績效可以更快速檢視而已！

有時檢視業務人員的目標設定，去比對工作日誌與日行程規劃，會發現績效設定與日行程無法達成一致的情形。比方說，A 業務訂出 30 萬的目標，但比對 A 的行程規劃與工作項目，就會發覺這樣的規劃只能得到十萬不到的業績，這就是目標與時間管理不一致的緣故，所以時間管理的第三項重點就是要訂出合理的工作目標。

這也是經常被人忽略的地方，大多數人認為目標要訂得高，才能顯示自己的企圖心，而我個人則認為訂出正確目標才更為重要！

以上這篇就是我用個人的見解寫出我對時間管理的看法，看到這篇文章的邀課單位如果能產生共鳴，就很容易獲得對方的邀約。這就是我將「自身優點」用文案或心得分享的方式進行包裝，具體呈現出我的優點面。期望提供的這兩種案例可以幫助你們了解我對於優點的運作手法，也可做為參考。

# 5-4
# 講師品牌專用口號

前面已經說過：講師這份工作，其實自己就是一份商品，自己也是品牌！

既然自己是商品，自己也是品牌，那就要找出一句可以代表自己的口號！

我也有些代表自己的口號，如「業務行為講師」、「實戰帶兵學」、甚至「宋家旺講師」，網路上搜尋應該都能快速找到我才對。除了搜尋我的名字外，你們也可以試著搜尋自己的名字看看！

當你的名字有足夠的辨識度，業界都叫得出名號時，沒有口號也沒關係，因為你的名字就是品牌了！

如果想迅速脫穎而出，有口號可以快速增加「印象

值」。只要確定好要用的口號，五年內不要更換、且持續使用，才能確保印象的建立與穩固。品牌植入人心需要花一段時間，好不容易經營了一段時間、就在別人都記得你時，你卻捨棄不用了，就太過可惜了。

如果想找出代表個人特色、且朗朗上口的口號，創作口號時要注意下面幾點事項：

1. 口號不要太長，短短幾個字就好
2. 口號以能夠符合自己的課程內容或是講課的特色為主
3. 口號可以讓學員一看就懂，如果名字也包含進來就更棒了
4. 如果可以讓學員或辦訓單位看到後毫不猶豫就找你，那就對了

以上是創作口號的四點建議，找出最佳的口號後，最好持續用上五年，才能深植人心！

# *Lesson 6*

# 講師能力篇

# 6-1
# 講師要會的三項技能

　　講師這份工作需要每天接受大量資訊，沒在講課或平日有空時，就要求自己從網路蒐集很多產業或與工作相關的資料並做成紀錄。

　　況且講師的工作不是只有授課而已，有時邀課的企業老闆還希望講師提供一些對公司的建議。講師這份職業也跟其他職業一樣，需要不斷的進修與充實自我，如何將每天從不同管道接受到的「資訊」與「知識」加以轉化與運用，就需要一些技巧了！

　　我再重申一遍，不管是別人寫的或是別人說的，基本上都還是「別人的」東西！

　　「台上一分鐘，台下十年功」，說得不無道理。不是聽過一次、二次，就能夠把別人累積了數年或數十年的經

驗與成果全部吸收並運用自如。或者是左耳進右耳出的話，那麼別說一次、二次，就算聽十次、二十次，對自己也沒有多大用處。

難道不是嗎？

講師必須時時更新資訊，要知道很多內訓學員其實並非心甘情願地接受訓練，有些會抱怨「公司怎麼一直在安排訓練課程」，有的學員會表示老師講的內容已經聽過、或沒有新意云云，這些都是講師的一大考驗。

雖然知道可能對方懂得只是皮毛而已，但你們還是要心平氣和與保持笑容的持續上課。就算遇到不想上課的學員，也不能不認真教，雖然有少數不想聽課的人，但大多數學員還是想認真聽講的。

內部訓練跟外部公開課程不一樣。來報名公開班的人，因為都是自費，所以學習意願與參與度理應都很高，但企業的教育訓練就不一樣了。

大多數的企業員工，雖然都有心學習，但如果很明顯

都是被命令或被要求來的，本身的學習動機並不高，有些人甚至覺得來上課是在浪費時間。你們一定會遇到這種狀況，這時候我要跟你們分享一項談判的業務手法，在協商時「一定要有所要求」與「對等交換」，就算妥協時也一樣。

那麼現在就來看看，當講師時，該如何將平時收集的資料或資訊轉化成自己的東西，這時候就要運用下面三種技巧：

##  第一種技巧：把注意力放在焦點中

### 一、先看主題或標題

作者或講師之所以選定某某標題一定有他的考量，像我的第一本書《實戰帶兵學：業務主管的自學書》與這本《宋家旺之講師入門學》，兩本書名都是有涵義與原因的。如果你們能夠找出為何這樣取名的用意，就可以知道這兩本書所要傳達的焦點。

當你每天都要閱聽龐大的資訊時，從標題下手就是一個可以節省寶貴時間與過程的最大關鍵。

標題雖只有短短幾個字，卻是整篇文章最關鍵的文案，它包含了作者想傳達的意念、訴求、對象、整篇主旨等豐富的訊息，所以理解標題就是一個重要的開始。

長久以來，我在指導企業行銷或業務工作時，都會教相關單位下標題時「**要有一個引人入勝的主題**」。當你知道該如何下標題時，也就能分辨標題的好壞，其中的樂趣是無窮的。所以反之，我們回到注意焦點的過程，就一定要先了解作者或其他講師寫這句話的用途與目的。

只有先了解與體會主題，才不會誤解其意，對於後續的吸收及內化會有很大的用處。

## 二、清楚大綱目的

有的資訊有大綱，有的資訊沒有大綱。這裡為何強調大綱，是因為大綱是承接標題與與開啟文章的輪軸，有承先啟後之作用，也是作者為了整理自己思路讓讀者可以「**感同身受**」的一句話。

所以就算標題下得好，但是大綱無法將標題與內文彼

此串聯，就難免可惜了。

我們在吸收與內化的過程當中，可以從大綱來了解整個文章，是否有承先啟後的道理與依據，就像長達數十集的連續劇，每集開頭總有一個主題，就是為了讓觀眾了解該集到底要播出什麼情節的內容。

接著就是要了解作者寫大綱的脈絡，畢竟大綱是全篇文章重點中的重點，只要能夠抓出大綱的涵義，自然就能夠找出最重要的一句話。而這句話就是能夠幫你節省時間與快速吸收內化的第二項關鍵，看到任何資料，都一定要能夠吸收變成自己的東西並加以活用才行。

## 三、找出內容與標題的關聯

第三個步驟就是要了解內文到底在闡述什麼，跟主題的關係，跟大綱的關聯。但是資料與資訊這麼多，要如何找出關鍵字，這又是一個難題，不是嗎？

很多講師習慣用自己熟悉的語言來上課，但學員來自四面八方，每個人過往經驗與資訊了解的基礎都不一樣，

當講師用自己熟悉的語言來講課時，學員的接收能力也就會出現落差，除非事先設定一些門檻，讓學員知道課程是否適合自己的程度。

即便有設定條件，也不能期望大家的吸收程度都一樣。因此能用簡單及通俗的語言來教課，讓全部的學員都能吸收了解的老師，反而才是我認為的好講師。

講師做的簡報也能看出講師的習慣與程度，有些講師的簡報有很深的涵義，要思考一下才能理解；有些喜歡直接將標題寫出來，讓人一目了然。一百位老師就用一百種表現方式，用你們自己喜歡的方式來製作簡報，就是最好的方式。

## 四、多了解講師要表達的事項

為什麼要寫出這篇文章或簡報資料？目的是什麼？寫法為何？想要表述什麼事情？從這四點去了解作者的意圖，自然而然就可窺見作者寫這篇文章的重點了，當然每位講師的撰寫用意都不會一樣。

如能從標題、大綱與內容中找出更關鍵的事項，洞悉他人、察覺他人意圖，也是吸收內化的一個重要關鍵。

不只是要了解對方，也要能夠把「別人的」東西變成「自己的」東西，但可不要抄襲！

如果只是「讀」，卻沒有用心去了解，那麼是無法真正吸收與內化的，也容易曲解講師的原意，得到的東西也不過是自我解讀或自說自話而已。要不就是只挑自己有興趣的資料來看，這樣的學習效果與成長幅度也會很有限，長期下來也會變得不太願意再花時間進修與學習。如果你們自己都不願意再進修學習，又如何要求或希望學員持續進修學習呢？

##  第二種技巧：學會將思維擴散開來

創新思考，也是一種想像力的延伸！

但通常「**無中生有**」也必須依靠後天經驗與知識的累積，以及多種思考歷程相互交融後，才能激發出新的想法。

擴散思維這個階段，須保持求變、探究、獨創、激發、突破等多項精神與特質，才能夠將所吸收的知識加以延伸，並予以超越原本的思維框架。

訓練也好，學習也好，都是必須持續不斷的，創新思考也是一樣。不多保持開放的心胸，外在知識就無法更強化，而內在知識也無從進化與增加靈活性！

講師進步的十個原則：

## 一、每天都要進行新資訊彙整

每天都會接收新的資訊，卻不加以整理歸納，是無法成為一位好的講師。由於背景不同，每個人寫出來的文章風格與呈現方式本來就不會一樣，還要考慮寫出的資訊是否正確，如果連基本的過濾、確定與了解都不去進行的話，你要如何將正確的知識傳遞給學員呢？如果能將這龐大的資訊吸收轉化，變成自己的理論或獨特的見解，這樣就能成為你們寶貴的資產。

## 二、清楚知道自己優缺點

是不是有資格成為講師，只有你們自己說得算，別人可能會嫌棄你們課講得不好，這是他們的自由，但卻不能阻止你們繼續當講師。如果真的想當好講師，就要不斷持續地加強與進修，不足的地方要隨時檢視並改進，等哪天終於清楚知道自己是不是有資格當講師的時候，那就表示你們已經慢慢了解自己的優缺點了。

## 三、不需要太快做出決定

看到任何資訊時，不要太急著用既有的思維下判斷，試著用不同的角度去看待事情，看看是否能夠創造更多的思考方向，不要太急，自然就會有更多的靈感源源不絕出現。

## 四、尋找當講師的動機

為什麼要當講師？

這個問題會成為影響你們成為哪一類講師的一項關

鍵！知識不足可以再學，但心態不對可能會讓你們越走越偏。

所以你們要想清楚自己為何要當講師？從當講師中你們希望得到什麼？當講師有什麼原因與目的？在一開始時就先試著想一想。這樣也可以讓你們擁有持續當講師的動力，講師要花很多時間備課，你們準備好了沒？

## 五、想像與創造間的快樂

要不斷製造新的文案與教材，是很多人覺得麻煩或痛苦的一件事。如果有簡單的方式來產生文案與教材，我想很多人都會選擇用簡單的方式來進行。

大家都希望最好有簡單的選項可以選擇，不希望花太多時間去過濾、解讀大量的資訊，這是大多數人對資訊轉化的一種抗拒。因為本能地想抗拒，自然而然無法正確吸收或運用自如，其實不妨將思考轉化為想像，就會發現很多有趣的一面。例如為何有一個大祕寶、真相為何只有一個、為何要以爺爺的名義發誓，不是去思考，而是想像創作者在創作這樣一個文句時，背後有什麼樣的動機或涵義，

天馬行空的幻想不就能將嚴肅的思考變得更加有趣嗎？

## 六、直達問題核心

我們看到一件事或是一則資訊時，一定要先了解全貌，切勿妄下定論，才有機會直達問題核心。一旦了解正確的核心事項時，才能夠無所擔憂的盡情擴散，如果原先的設想就是錯的，事後再多的創新思考也都因偏離原意而變得無意義了。

## 七、不能先入為主

開放心胸也是一件很重要的事，大部分的人都會有先入為主的觀念，一旦形成先入為主，再多再好的資訊或知識，就很難吸收消化，別人的建議與構思也會被排除，再好的策略都無法運用，如此就失去了創新思考的本意。屏除自己原先的想法，接納更多元的思考方向與方式，才是創新思考其中一個重要的關鍵。

比方說，上課時可能會遇到與你們意見相左的學員，處處找麻煩，不要排斥這些異議，學員的任何想法與意見

都是幫助你們換位思考的助力，懂得將這些阻力化作助力，也是擔任講師必經的一個過程。

## 八、多參與過程，而非只在意結果

一般我們都只在乎結果，而且都非常急於想知道！

我在訓練學員的過程中，許多人都希望知道如何快速上手業務工作，並快速賺到錢，卻不想了解過程中要付出哪些代價。如果只想知道結果，而卻不想了解過程，那麼就算知道終點有甜美的果實，沒有經過努力，到頭來也只是一場夢！

你們將來也會遇到這一型的學員，這時應該要多鼓勵他們參與過程，當他們參與並了解過程的必要性時，對學員與講師你們都會有很大的好處。

## 九、用第三、四、五人的角度

用自己眼光通常會被侷限住，試著用不同的角色來看同一件事物，將會得到不同的結果。試著換位思考，也就

容易掌握事情的原貌，更可以體會當事人不同的想法與意境。「感同身受」將能創造更多思考方向與掌握解決問題的正確處理原則。

## 十、將時間期程排好

想擔任好一位稱職的講師，時間管理很重要，起初你也許會覺得還好，那是因為一開始所接洽到的課程還不多，等到課程邀約變多變滿時，你要一邊授課、一邊備課，同時還要開發新客戶、與客戶洽談工作事宜等等，這時就會覺得時間不夠用，時間的安排與制訂就是開始當講師時，要特別注意的事項。

「知識就是力量，尤其是要當講師這份工作！」

多增加思考時間，可以幫你們解決很多問題，也算是一種有目的性的心理活動。

# 第三種技巧：重新將重點凝聚在單一核心

不要偏離主題太遠，這樣原本的聚焦就失去意義。所以思考擴散後就要記得將問題再拉回來，以便釐清問題的根本。

在開會與各項會議間適時的採用收斂方式，有助於會議流程的掌控，這裡就以會議進行來說明如何將重點凝聚在單一核心上。

會議進行的八步驟：

## 第一步驟：先訂出會議主題

會議到底要討論什麼主題，每天晨會、每週週會、每月月會、促銷會議、檢討會議、資訊交流會議、公司政策宣導會議、專案會議等數不清的大小會議，又該如何進行呢？

有時突然要與客戶進行簡報會議，如果彼此都沒交代、

沒說明，連會議的主題內容都不清楚的話，又怎能知道開會目的呢？

所以知道主題後，也需要設定開會目的，這也是一件重要的事。

## 第二步驟：要習慣制訂會議流程

沒有制訂流程的會議，就像一艘沒有設定航程的客輪，感覺出航後只能自生自滅，只能祈禱沒有大風大浪，不會航行錯誤。

制訂會議流程的重要性就像清楚知道船隻何處裝載、何時停靠、如何補給等同樣重要。如果重視開會這件事，也希望能達成開會目的的話，與會的每一名成員都要清楚整個會議流程，不能只有一個人知道而已。只要表現出很重視開會這件事，其他團隊成員一樣會很看重這件事。

## 第三步驟：要確定哪些人會出席

通常不先說清楚開會目的，或臨時才告知要開會，常

會看到參與會議的團隊成員不是無法出席，要不就是姍姍來遲這兩種情況。

通常開會的前一天，一定要再集體通知一次，如果與會的人需要提供開會要用的資料，甚至要提早三天再告知一次，除非是大家很習慣的固定會議。

如果不是固定會議，或是久久才開一次的會議，都需要提早提醒。

畢竟開會成員，可能前一個星期、甚至更早就都已經安排行程了，如果因為臨時要開會而被迫取消行程，對客戶及同事也不是很好。

## 第四步驟：會議資料是否有準備

開會不見得需要用到投影片，但如果有開會要用到的相關資料，最好提早準備，在會議開始前就將資料發給所有成員，而不是在開會中才去準備或進行發放的動作，才是有效率的作法。

開會時，任何成員都可能需要發表事項或提出某些重要議題，如果能在開會前將大家要討論的議題整理出來，讓全體成員都清楚需要討論哪些事情，開會時就可以針對問題提出具體的解決方針，有助於會議流程的管控。而那些因為不知道開會目的、只想等候會議結束，或是完全處於恍神狀態，無法進入狀況，抑或是由於沒有充足準備、無法提出任何實質建議的狀況，將能改善不少。

資料需要事先準備好，才能表示對開會的慎重。

## 第五步驟：時間流程的運作、安排與掌控

雖然有會議流程，難免還是會遇到迫不急待想發表意見的時候，這時就需要很清楚開會流程，可以引導對方到適當的時機再發言，將被中斷的流程再拉回來。至於會議的時間長短也要很清楚，時間太短，可能因為缺乏充分討論就要結束而無法得到開會的目的；時間太長也不好，有可能造成成員精神無法集中，產生不想來開會的心情。

會議時間過長過短都不好，如果時間掌控不好，最後決議的時間不夠，只能匆匆決定或是草草結束，會議最重

要的目的不旦沒有達成，還浪費了大家的時間，可謂得不償失。會議主席一定要學習掌控時間流程，這是會議是否能順利進行的一件關鍵事項。

## 第六步驟：過程進行不偏離主題

只要一跑題，就會發生時間拖很長或是問題無法解決的狀況，有時跑題跑太遠，也會造成搞不清楚問題在哪的情況。有時與客戶開會也很容易有離題的問題！

一旦注意到開始離題時，就要找尋適當時機把主題給拉回來，可以用一些話術讓對方察覺自己已經偏離主題，讓目前的話題告一段落，並再聚焦回原本要討論的議題上。跟主題無關的話題，建議可留到下一次開會再討論。

雖然偏移主題的問題會影響開會流程，但是成員會提出這方面的問題，這就表示這個問題對成員來說是很重要的，可能因為沒有其他發表的管道，才會藉由大家都在場的時候趁機發言。如果是值得討論的議題，可以記錄下來，並排到下次會議上進行處理。

## 第七步驟：提出問題的解決方針

解決方針要讓所有同仁都提出看法，而不是只有一、兩位同仁提出。也必須重視少數意見，這個階段應該是以多方收集解決方案為主，任何可能的解決提案都應該被重視，畢竟每位夥伴的出發點或對問題的感受都不相同，只有集思廣益才有可能找出最好的解決辦法。此外，還可以引出另一項開會重點，就是參與度。

只有全員參與，才有可能強化向心力，提升執行的成效，並增加成員間的互動及認知。

## 第八步驟：最後一定要作出決議

假設開會過程很是熱絡，卻沒有說針對開會議題作出決議，甚至可能被簡單帶過。這時我會問你們，你們認為開會的目的是什麼？

開會就是讓大家都聚在一起，針對事關全體的議題藉由集體討論，重新釐清或確認解決方案的最好場合。

　　這八個步驟我在第一本書中也有提過，在此做了些許調整與簡化。我認為講師在收斂處可以利用這些步驟來進行活用與轉化，也可以學習將這八大步驟運用在跟客戶進行的會議洽談中，讓洽談能夠更為順利一些！

習慣用收斂的四種形式：

1. 找到目標能夠形容的越具體、越確定則會越準確！
2. 從課程或簡報中找出一直重複訴說的重點！
3. 從課程內或是簡報中，找出完全不重複的關鍵字！
4. 重新從第一種技巧的聚焦法再開始，然後轉化再造，不斷重複循環，就能夠將所學的知識轉化變成自己的。

　　每個老師都有自己的風格，光是學別人是沒辦法讓學員產生共鳴的，還要加入獨創的論點。如果能有別於其他講師的方法與步驟，創造自己的差異性與無法被取代性，才能說服學員或企業能夠持續找你，這樣其他講師就沒有辦法取代你。

# 6-2
# 九種精選開發方式

對於那些邀請你們去授課的單位，你們可以幫忙對方進行加分宣傳。只要你們願意為對方加分，那自然等於也為你們自己加分！

不論未來對方是否還願意找你們上課，就算過程中因為理念不合而無法持續合作下去，還是要感恩！

為了感謝那些願意找你們上課的單位，或是讓自己獨立招生的課程能夠開班成功，你們可以出些力，就是協助單位招生。這裡將介紹九種開發方法，不論是哪一類的講師，這些招生開發方式都可以嘗試。這裡主要講的是以親自招生開發或找工讀生協助開發的九種管道，看你習不習慣親自開發與親自經營品牌，如果不習慣，也可以嘗試用網路開發的方式。

## 第一種：社團開發法

如果事先已確定好課程方向與學員類別，在這個章節中，只要適合的，你都可以試著做看看。

社團開發很適合任何產業，我教過的企業單位很多，不論哪一種行業，社團屬性開發法是都可以拿來實際運作的！

通常會參與社團或從事團體活動的人，在人際與人脈經營關係中會有更豐富與熱絡的互動。參加團體的人，因為善於社交也喜歡接觸人群，因此即便遇到陌生人來推銷課程與活動，也不會出現太大的敵意。如果遇到頻率相符或樂於分享的人，還有機會幫你把課程介紹給其他成員，只要有幾個人願意幫你分享推廣，課程資訊就能快速傳播，省時又省力！

社團開發時，最好直接對最上級或最有決策權的人來進行交涉，像是各類型團體或協會的理事長、祕書長、理監事等高層人士，才能提高開發效率。

在住家或公司地點附近之公、私立協會也可以多去拜訪，這些單位也許會有開課的習慣與機會，或許現階段沒有適合的課程推廣給他們，一旦他們有需求，就會想到常來拜訪的你，而找你開公開班也不一定！

如果想要快速累積知名度與指名度，我最推薦這種開發方式！如果不喜歡陌生業務開發，也可以用參加聚會與認識人脈的模式來進行。只要有機會被他人介紹或是與人互換名片的時刻，記得都要好好把握，把自己推薦出去！

當講師一定要學會掌握機會才行！

## 第二種：名冊開發法

從網路上面搜尋，可以查到許多協會所架設的網站，點進網頁後，就會看到會員的一些介紹。一般來說，社團性質的網站不太會隱藏會員資訊，反而喜歡公開給大眾知道，這也是所多企業喜歡加入社團的原因之一。

許多協會還會公開會員名錄、所屬公司名稱、聯絡電話與郵件地址等相關資訊。這類資訊都是公開訊息，只要

電話拜訪時能有正確的應對並事先表明，對方就不太會排斥跟你互動。而且，這些企業會員應該都有訓練課程的需求，問題只在於要找誰來授課而已。

當你千辛萬苦透過各種管道收集來許多開發用的公開資訊時，記得禮儀是很重要的部分。利用電話開發或郵件開發的話，記得按照產業屬性或協會性質來調整你的自我介紹，效果通常不會太差。

如果擔心自己是講師身分，不方便親自電話拜訪的話，可以找工讀生來幫你，也可以聘請市調公司來調查有哪些企業有課程方面的需求。這種開發方式比社團開發更平和，也更容易進行。

除了找工讀生或市調公司外，也可以外包給電話開發公司。有時我也會指導電話開發人員的話術技巧，這樣也許開發成功率會有不同的收獲也說不定。

如果怕被電話開發與行銷公司獲取名單反被利用，那就請工讀生或自己打開發電話。

簡訊、電子郵件、傳真、寄送廣告目錄等，都是常見的開發媒介，就看你喜歡哪種方式！

## 第三種：社區開發法

雖然不是每門課程都適合這種開發法，但我所了解的課程中，其實還滿多適合用這種開發方式。社區管委會與保全公司是你的開發重點，前者可以直接找願意幫你安排的主要窗口，後者則可以協助你宣傳。

也可以去當社區大學的講師，生活類與技能類的課程很受社區歡迎。學歷反倒不重要，越接近休閒（如閱讀、電影欣賞）、語言（日語、英語、東南亞各國語言）、紓壓（舞蹈、唱歌、簡單的樂器）、手工技巧（針織、縫紉、手工皂）的課程接受度都很高！太過商業的課程就要看區域與課程主題，才可能在社區大學中開課！如果你有上述類型的課程，也可以從這方面著手。

區域型的社區活動中心的課程招生，除了官網上可以查到外，也可以到社區管委會去了解。除了上述的課程外，有些社區因為住戶多為商業人士，又不想跑太遠，所以會

舉辦一些商業性質的進修，這些活動通常辦在社區的圖書室、閱聽室或會議室等既有的空間場所，有時候也會舉辦舞蹈活動來增進社區居民間的連結。

沒嘗試過是無法知道開發招生會不會很順利。就算在管委會那裡碰上了軟釘子，也不用氣餒，在社區布告欄張貼廣告也是另一種變通方式。至於張貼廣告要不要收費，就要配合每個社區的慣例，就算有增加一些支出，但也多了一處可以宣傳自己課程的地方，就看你如何取捨了。

## 第四種：區域性開發法

辦公場所與住家附近也是值得開發的區域。附近的商家多少都相互認識或有幾面之緣。像我就會在認識的店家內寄放一些課程 DM 或海報。只要是熟識的店家，應該都不太會跟你收取寄放費，鑒於你可能還會去店內消費，只是放些 DM 與海報，根本無傷大雅。想要請店家放宣傳品的話，講師身分就比業務來得吃香，業務通常需要花更多時間跟店家套交情。

若採取區域性開發法，區域內的店家、公司行號、公

家機關與學校，最好全部都掃一遍，並提供書面資料。千萬別小看這個動作，當初我可是靠這樣做在開發客戶上累積到不少資源。

然而陌生開發的方式不見得適合每個人，講師要自己跑去拜訪客戶，如果不習慣可能還是會覺得怪怪的。現在網路發達，普遍都採用網路行銷較多。我會提到這九種方式，只是要增加你們一些開發的管道與通路，如果只靠網路行銷就可以獲得廣大的學員客群，當然是好事一樁！

雖然網路行銷很便利，但還是不要忘記周遭的區域也要經營才行。如果附近明明有很多需求者，卻只專注在經營網路，或是好不容易有個開課機會，卻因為時間、地點等因素而無法開課成功，都是顧此失彼的結果。如果能夠在自己熟悉的區域開課，有了交通與地利之優勢，為什麼不好好把握呢？

方式有百百種，挑最適合自己的方式就好，沒有所謂的對或錯。因為這裡所列舉的開發方式我都曾經做過，所以我很清楚這些方式會遇到的問題與好處，我會盡可能把優、缺點告訴你們，好讓你們心裡有個底！

　　通常認識的店家還會主動幫你們宣傳，這跟不認識的店家只是把宣傳 DM 放在桌上或貼在牆上，兩種意義不太一樣！

　　可以把這些店家當作自己的樁腳或是口碑宣傳管道，有時候朋友的一句話可能比你們陌生開發來得有效！

　　如果店家會熱情宣傳，可以適時給予一些好處或是回饋，或是直接把店家當成客戶的維繫窗口，或許能從這樣的實體開發中產生新的課程。網路開發雖然方便，這種由店家主動幫忙宣傳的經營手法也不會費你什麼力氣，兩種辦法都試試看，相信業績很快就有起色！

## 第五種：網路與行動平台開發法

　　前面其實也提到，網路開發客群是最普及的手法。現在每支手機可能都下載好幾種通訊軟體，通訊極為便利，只要好好利用這種手機群組運作的模式，從原先的好友圈慢慢擴大交友圈，或許就能從原本陌生的人，搖身變身成群組交流中的專家！

　　加入群組後，除了平時的噓寒問暖外，還可以不定期的舉辦聯誼或聚餐等活動，作為一種團體的相處模式。這跟加入社會團體又是不同的社交模式，有些人也會藉此進行一些商業互利導向的行為，值得學習仿效。

　　你們可以在群組中發表一些作品或看法來建立專家的形象，長期下來，就能累積一群忠實粉絲！

　　除了手機通訊軟體外，網路中還有許多免費提供給講師互動的平台，包含部落格、討論區、講師交流網站，也可以運用社群平台或社群交流群組建立自己的粉絲團與某知識領域的社團，在這些地方都可以常常發表自己的想法或專業知識，也可以增加曝光量，讓學員更容易搜尋到你們！

　　網路曝光跟實體曝光都是同等重要，除了業務領域，我也專攻行銷與企劃相關的課程，非常清楚兩者間有著非常密切的關聯性。但很可惜的是，多數講網路行銷的講師似乎對實體業務模式不感興趣，因此很少人注意到這一塊的重要性！

## 第六種：活動開發法

網路上有很多刊登活動訊息的平台，如果認真找，還會看到有實體活動的資訊，例如讀書會、講座、園遊會、社團活動與聚會等等。如果不想花錢，也有很多是免費的活動。有些聚會與活動甚至歡迎陌生人共襄盛舉。坊間有許多活動訊息，有些還是免費的，多去參加這些活動，除了可以學習成功的案例，還可以參考不同講師的舞台魅力與表現方式。

我鼓勵你們多去參加其他講師的活動，但不要去批評別人的內容與你們自己不滿意的地方。發現對方的錯誤，如果把對方的失誤與缺點當作你的借鏡，避免重蹈覆轍才是你們真正要學的。何況每一位講師也都有其優點，要懂得學習對方的長處並加以改良，成為自己的武器。

有時場合結束後，會有互換名片或是與其他人互動交流的機會，所以去看看別人如何辦活動、如何演說，這也不是壞事。很多機會都是從私下交流中產生的，說不定進而能獲得意想不到的好處喔！

有一些公開式的講座，經常吸引很多人來聽講，每個聽眾參加的原因都不同，這其中可能就暗藏一些好機會。有一次我單純去聽別人講課，沒有要自我行銷的打算，期間有人主動與我交換名片，等看到我的名片時才知道我也是講師。等活動結束後，便主動邀約我去授課。我舉這個例子是要告訴你們，名片要隨時準備好才行。

## 第七種：簡訊開發法

現在網路真的很方便，手機軟體也是，不用付費或是免費的軟體都可以去嘗試。以前我還開過一門課，叫做 50 字簡訊開發法，教人利用簡單幾句話就達到宣傳或招生的效果。

簡訊開發要具備以下三種特性：

1. 快速
2. 不囉嗦
3. 一次到位

簡訊如果超過一定字數，就要多收費用，收到訊息的

人也不見得會有興趣全部看完,所以要如何發出一封簡單快速又到位的簡訊就是關鍵了。

這種方式非常適合不喜歡用電話開發的人,而且還可以快速並大量的複製與傳送。

我發現學員學到這種開發方式與技巧後,會因為文字與習慣陳述的方式產生不同的效果。簡訊內容不是有寫就好,內容寫得不好成功率就低,嚴重的話,甚至還會引起對方反感。千萬不要沒有準備好就直接發簡訊,才不會沒達到預期的效果卻收到一堆反彈!

## 第八種:異業合作法

很多產業也常使用異業合作的模式,講師工作也很適合這種模式。

異業合作,顧名思義,是指不同產業間的相互合作。因合作與結合來增加彼此間的相互利益,不過該如何整合、如何互相加分、彼此之間又不會有利益衝突,也是需要深思的地方。

如果還不太熟悉如何異業結合，可先從比較沒有利益衝突的單位開始，提出雙方合作會有哪些直接的好處，只要將優勢與加分的地方陳述出來，挑起對方興趣，不論最終是否能合作，對彼此也沒有任何損失。

如果已經熟悉此種模式，可以拉其他辦訓單位一起合作，因為就算是同業，有利益的生意誰會不想做？

如果不是辦訓單位，可以跟對方廣告交換，這樣可以建立彼此長期合作關係，也能取得不同管道的消息與客群，創造雙贏。

## 第九種：出版品宣傳法

在著名的雜誌或報紙上刊登廣告，或在專欄與具有產業屬性的刊物上發表專文，除了可以增加自己專業形象與知名度外，同時還能達到宣傳的目的！

出書也是一種很好的宣傳方法。我自己就打算至少要出三本著作，三本書可能方向都不一樣，但還是希望留下一些方法或步驟，也算是回饋社會。

有學員曾問我，其他方式都試過了，就是不會寫書。或是擔心內容寫得不好，甚至還有學員問我寫不出來怎麼辦！

我只能跟你們說，如果真的想寫就一定寫得出來。

我寫第一本著作《實戰帶兵學：業務主管的自學書》的時候，大約花了三個月時間，而且都是利用工作結束後，晚上到家時才開始動筆的。

而我這本《宋家旺之講師入門學》花的時間更短，只用 37 天就寫好了，你們說快不快？

寫不出來不是能力的問題，而是心態與意願的問題。記得我寫第一本書時，在還沒寫的時候我都只是「想」而已，而當我真的「要」寫的時候，我就寫出來了。你們先問自己是否真的要「寫」書，當不會有所遲疑時，那你們的書就能夠寫得出來了。

不用怕寫得不好，文筆是可以練的。如果你們一直糾結在寫得好或不好，其實沒有什麼意義，因為沒寫出來怎

知寫得好不好。而且所謂的不好，也要等出版後的銷量反應才能確定吧！就算你認真寫完，好不容易出版發行了，但發現讀者不怎麼買單，至少你們還擁有出書作家的頭銜，也比沒寫過書的人多了一份經驗，光是這份經驗與頭銜，就可讓你們未來要走的路順暢許多，所以想這麼多不如就開始動手寫吧！

我這裡提供的是我個人覺得效益較高的九種開發模式，當然還有很多種模式。例如陌生掃街開發、陌生電話開發、同行開發、釣魚開發等各種開發手法，如果還有機會，我會在下一本著作中或是課堂中說得更完整些。

## *Lesson 7*
# 授課表現篇

# 7-1
# 上台不緊張的方法

上台演說是我聽過許多想當講師的學員都害怕的一件事。有時看到許多可以上台表現的場合，大家不是半推半就、勉為其難，就是被迫上台的感覺。

有些人會很緊張，雙手緊握麥克風。

有時候也會看見原本不想上台的學員，一拿到麥克風後就好像去 KTV 唱歌一樣，似乎再也不想把麥克風給放下來。

當講師的人要準備與訓練上台的膽量！

在進入正題之前，我要先提幾點關於在台上的注意事項。

　　首先就是在台上的站法：有些人站在台前，會一直往投影布幕看過去，半張臉側對觀眾，觀眾看不到講師的表情，講師也看不到觀眾的反應，這是不正確的站法。

　　講師能站或坐的位置，必須在講桌或是需要操作電腦設備的地方。不過也會因為授課的地點與環境、學員的人數與桌椅的排列等實際情況而做調整！

　　有些單位的上課場地不是很大，有些企業沒有會議室或是上課教室，而場地的規模、布局也都會因地而異。有些時候受制於場地問題，我就會選擇坐在電腦設備前，或其他較適合的位置。需要播放投影片的時候，我可能就會從講台上移動到能操作投影設備的地方。

　　如果在一般教室上課，講台通常位在布幕的左右兩側。這樣的話，講台就是你的活動範圍。如果沒有講台，台上也沒提供高腳椅或座椅給講師的話，那就只好站著講課。

　　我有一次的講課經驗令我吃足苦頭，那是連續四天、每天六小時的課程，我全程都站著講課。哪一天如果你們也遇到類似的情況，你們就會發現這不是在考驗你們的能

力，而是在考驗你們的體力！

站著講一整天的課，當課程結束後，腳都是麻的。

所以只要不是大型演講或是舞台上沒有椅子的情況，能坐就不要站著。坐著就沒有站姿的問題，也不會讓自己體力快速透支。不過還是要看當下情況，有時就算有椅子也可能站著，是因為我需要用到肢體動作。

坐著看起來也比較自然，要操作電腦也比較方便。但如果真的必須站著講課，或因為課程需要而起身走動的話，請記著一件事，只要你們是站在講台前方，就不要讓學員看到你們的背部，除非是要寫黑板。

如果想看簡報內容，只要稍微轉動腰部即可，不要全身轉動，才不會背向或側對著學員。

另外看是否有習慣用簡報器。因為不同品牌的簡報器，按鍵位置會不太一樣，按鍵靈敏度也不一樣。有時不小心觸碰到，就會往前或往後跳好幾頁，如此一來每次都要調整，干擾上課流程的話也不太好。

　　所以我建議那些習慣使用簡報器的人能自備簡報器，作為自己慣用的工具，也比較好掌握。

　　早期我也會用簡報器，不過我現在都改用電腦操作了，由於講到重點時我習慣「用手比劃加上寫白板」共同運作，我個人現在比較喜歡這樣的模式，有時會有重點精華或臨時問題所產生的答案，我會把關鍵字或重點寫在白板上，再搭配手勢引導學員注意我要強調的地方。這種模式是我上課後得出的經驗與心得。每個人的習慣與喜好各有不同，所以可以依實際運作之後的順手度來調整。

　　如果問我如何才不會緊張，我會告訴你們，我講了這麼多的課程，到現在每次要上課前我都還是會緊張，你們相信嗎？

　　只是我的緊張底下學員可能感覺不出來，我的緊張情緒要到課程上了一陣子後，才會漸漸消退！

　　一般來說，不管以前是不是學校團康社社員，現在是某大型企業的老闆，或者是八面玲瓏的業務高手，只要不常上台表現，緊張是在所難免的。就算上台前接受舞台表

演或是講師培訓，在第一次講課或第一次上台表演時，肯定都會很緊張，這是在私下訓練中無法完全改善的。

也不是說接受講師訓練的舞台表現會完全沒效。效果一定有，因為常接受訓練確實可以改善一些緊張狀況，只是在固定的場合中接受訓練與要到陌生場合中表現，完全是兩回事。

講課會緊張的原因，大多是對「人、事、時、地、物」這五件事的不熟悉！

如果想減少緊張的情緒，可以試試以下四種方式：

1. 事先大量演練
2. 提早半小時前到達會場熟悉環境
3. 授課前先與學員熟悉
4. 閒話家常

## 第一種克服緊張的方法：事先大量演練

不論做什麼事，事先演練都是很好的減緩緊張感的一

種方式，經驗是一帖可以慢慢克服緊張感的良藥。

不過真的很緊張時，腦袋很可能會一片空白。我自己也有遇過這種情況，這時候說的話，好聽一點是用過去經驗說出一些課程內容，難聽一點可是連自己都不知道在說什麼。想起過往在授課時緊張的情況，自己都覺得好笑，不過在當下一定會笑不出來。

為了避免這種情況發生，簡報內容一定要多做幾頁。接著就是要重複不斷演練，直到不再緊張為止。對現在的我而言，緊張只是一種過程，每個人都會有，我將緊張當作一種經驗體驗，就不會因為緊張而表現失常了！

「可以緊張是很好的一件事，表示生活中又有新的樂趣！」

我記得第一次接受電台專訪時，也非常緊張。很多朋友聽過之後卻覺得我講得還不錯，沒有緊張的感覺。我自己聽了錄音內容，還是能感受到那時的我緊張的語氣與過於謹慎的對談內容。由於是第一次專訪，跟平常講課不同，我還是會緊張。可是當有了第二次、第三次的經驗後，緊

張的感覺已經沒有第一次專訪時那麼強烈了。

## 第二種克服緊張的方法：提早半小時前到達會場熟悉環境

前面有提過，有些人習慣提早到授課場所的情況，如果是容易緊張的人或因為還不熟悉而緊張的新手講師，最好第一個到授課場所，除了可以先熟悉環境，避免因為不熟悉場地而緊張，這樣對減緩緊張是很有幫助的。本來就容易緊張的人，如果還晚到會場，這樣反而會更緊張！

提早到現場可以先了解周邊、授課環境，還有時間可以吃點餐點，有助於融入環境，因為引發緊張的一項原因就是「**不熟悉**」所致。有時像公開班的授課場所，學員也未必熟悉，所以若能比上課學員更熟悉環境，上起課來就會更有信心。

一旦先占有地利之便，便容易產生自信，而且可以掌握學員的進出情況，「掌握某件事」也是能增進自信降低緊張的一項方法！

## 第三種克服緊張的方法：授課前先與學員熟悉

先熟悉學員也讓學員熟悉你，先了解可以減少隔閡也可以了解學員的背景，內心的不確定與不安全感都可以減少與趨緩。當彼此有了進一步的認識時，對方抗拒的心理也會逐漸消退，因為我們對於認識的人攻擊性以及抗拒心理都會減少，所以即便再刁鑽的學員，在認識你這個人之後，也會卸下心防，不會處處跟你針鋒相對或提問尖銳敏感的問題，課堂中彼此的互動就能更加和睦！

即便第一次聽你上課，如果你能先熟悉學員，就能夠以他們能夠認同的方式調整上課方式，進而加速他們的吸收與內化。反之，讓學員了解你的背景，也能讓對方知道該用什麼態度來面對你們的授課，這對於雙方的互動都有好處！

事先了解就不會占用太多正式授課時間，還可以讓課程較進展更順利，在上課中，也能像朋友般輕鬆互動聊天，還可以改善彼此緊張的情緒。

## 第四種克服緊張的方法：上課剛開始閒話家常

這是許多老師慣用的一種方法。開始上課時的前幾分鐘並不直接進入正題，而是先與學員閒話家常，分享最近看到什麼有趣的新聞、遇到了什麼事情、有什麼新奇有趣的事，或是講個小笑話、做個健康操等。

話家常的方式可以分散注意力，減少緊張的情緒，但每個人都有自己的授課風格與方式，所以就提供給你們作參考了。

我自己因為習慣早到，所以會跟同樣早到的學員聊天，只要上課時間一到，我會很簡單的做個自我介紹，給那些沒有機會聊到天的學員知道，就直接進入上課主題，不再浪費時間。

至於那些遲到的學員，可能就錯過我前面的開場白，雖然很可惜，但我也需要對那些守時的學員表示尊重與負責，不能因為某些學員遲到而延遲上課時間。

開始上課後，一切就會慢慢漸入佳境，可能一開始沒

來得及跟學員互動，這時如果時機成熟了，就可以用聊天的方式詢問學員對上課過程的意見或想法。問問題時，不要用只能回答 yes 或 no 的問句，要用疑問句或是選擇性的問法，以引導的方式引導學員發言。

例如：可以問一下你們為什麼來上這堂課？

學員如果說出比問句字數還多的回答就算過關，如果說的話比問句字數還少時，就必須再追問！

例如：當學員回答說「剛好看到」或是「公司安排」等較制式的內容時，這時候一定要再追問下去！這表示對方對這門課程與講師都還未打開心胸，也未有心學習。抱持這樣未開放的心態坐等課程結束，也只是浪費彼此的時間，更無學習成果可言。

# 7-2
# 在台上時緊張減緩技巧

前面都準備了這麼多，不就是為了上台講授嗎？緊不緊張已經不是重點了，重點應該在於要如何克服緊張才對。所以我在這邊提供早期我上台時減緩緊張的四種方式給大家參考。

## 第一種緊張減緩技巧：手中握著物品

講師上課時最常拿在手裡的物品有兩樣：一是麥克風，二為簡報器。

一般來說，人一緊張的時候容易變成手握拳頭的姿勢。在台上緊握拳頭這樣的姿勢會很突兀，為了不讓肢體變得很僵硬，建議手上可以拿些小道具，除了可以去除握拳的不協調性，也不會讓學員發覺你們在緊張。

　　就算平時習慣輕聲細語或是緊張到說不出話來，拿著麥克風時就要放大音量講話。我在講課的時候，除非教室很寬敞或是那種演講廳的場所，否則我是不太用麥克風的，因為我可以自己控制音量。但初期時，還是建議拿麥克風講話，一來可以減緩緊張感受，二來則能加強音量。

## 第二種緊張減緩技巧：坐在椅子上

　　坐在椅子上身體較不會因為緊張而僵硬，如果前方有桌子更好，可以將腰部以下給擋住，被看到的範圍面積越小，緊張感也會越小。

　　當坐姿越舒服緊張程度又會更小，所以坐著的時候也不一定要坐的像軍人一樣挺拔，只要坐姿不要太隨便，稍微靠著椅背或向前傾斜都可以。只要有利於授課時的方便與自信，都可以展現出來！

　　如果是教美姿美儀課程的講師就不恰當了，還是按照禮儀該有的要求與方式來教授。但如果是一般課程，維持自己最舒服的姿勢就可以了。

如果要長時間講課，比如一整天或是持續好幾天的話，切記不要讓自己的腰或腿長時間處於緊繃或施力的狀態，長久下來可能會發展為一種職業傷害。

說到職業傷害，講師最常見的職業傷害就是喉嚨長繭或喉嚨不舒服。我曾經有一連講五天課的經驗，雖然大多時間是坐著沒有讓腰部與腿部不舒服，但講到第三天的時後，我喉嚨就沒聲音了。現在我幾乎沒有連講好幾天的時程，我一定堅持中間要休息一、兩天，不然對喉嚨的傷害真的非常大。

當然有單位邀課機會真的不能不把握，所以後續的身體保養一定要做得確實。我現在的作法是除了公益單位或固定客戶外，不輕易接案子，以確保質高於量的接課模式，也能確保備課與教材的準備能有更完善的品質。

初期不管客戶多還是少，講課的時間長還是短，都要做好喉嚨保養的功課才行！

如果是演講的話，就非站不可了。此時又沒有講台可以遮掩的話，可以試試下列第三種方法。

## 第三種緊張減緩技巧：手插到口袋

還是會緊張，沒關係，可以一手拿麥克風，另一手放在口袋中。另外準備一條手帕，除了擦汗的功用外，也可以讓手在口袋中有物品緊握，有東西握著也會增加安全感，別人也看不到。

有些人緊張時手心會出汗，握著手帕的話就能吸掉手汗，當拿著麥克風的一手拿累了以後，再換另一手拿就好！

單手握麥克風還是雙手拿麥克風是要看場合的，不是任何場合都可以隨自己意思拿麥克風。基本上如果要講一些較感性的話很適合雙手握麥克風，但要講較專業性質的課程，就必須表現地有氣勢一點，單手握會比較有感覺！

在大型演講的場所演講時，如果覺得手插口袋不好看，也可將空下來的手擺在其他位置上。如果不太緊張的話，可以回歸到輕握拳的姿勢，或抓著像西裝外套上靠近鈕扣的地方。有時候我不會扣上西裝鈕扣，左手拿麥克風時，右手就能輕握著鈕扣之處，只要輕輕握住就好。但如果西裝有扣上鈕扣，你可以將手放在鈕扣上，也能顯示出較自

然的態度！

## 第四種緊張減緩技巧：手勢運作

單手握麥克風有以上這些優點，另一隻手就可以拿來擺手勢。手勢的作用有：

1. 吸引他人注意
2. 可以讓自己放輕鬆
3. 在適當的時候製造氣氛用

想邀請學員回答問題時，不要用手指著學員，這是非常不禮貌的行為。如果有需要指向學員時，可以用請的手勢，也就是將手掌打開並朝上，除拇指外，其他四指併攏，由上而下擺出邀請的動作。

如要提簡報上的重點事項時，可以用手指指向簡報方向，在空中畫一個圈。不一定要站在重點前畫圈，可以在講台前做這個動作，學員就會先看你，然後將眼睛轉往簡報處搜尋，這樣除了眼睛有活動外，也會讓學員想要思考！

如果是用耳掛式麥克風，這時兩手都會空出來，可以做出以下的姿勢，就不會覺得手無處可擺：

1. 隨時將兩手掌心朝上，這樣在精彩處可以誘發情緒。
2. 將手舉過頭，產生激勵動作，並充滿張力。
3. 雙手合十，呈現祈禱狀，在感性訴求時，可以引發聽眾共鳴。

現場聽眾只要受到激勵或產生共鳴時，你的緊張也就會消除，因為會緊張是怕表現不好。所以用誇張或是較大的動作誘發聽眾產生你所希望的反應，也能消除你自身的不安。

以上四種技巧都是我當講師時曾經用過的小小經驗，可以有效改善緊張的情緒。只要遇到不熟悉的場所與客戶，難免就是會緊張，這也是無法避免的事，只能在心裡默默暗示自己不要把可能會表現不好的事情放在心上，盡力去調整好心態，才能夠不那麼緊張。

# 7-3
# 怎樣才能讓學員認真聽課

 **眼神使用技巧**

在課堂中會與你們有互動的學員，可能就固定那幾位而已，所以有些講師習慣將視線看向這些學員，這不是講師該有的行為。每當講到重點時或到了放鬆一下的時刻，你必須將整個教室從左至右掃過一次，頭要跟著目光移動，不能只是用餘光掃瞄，脖子也要跟著轉動，臉要時時正面與學員對視，有些講師只移動眼神而不移動頭部，比較無法引起學員的專心。

初期時有些講師會害怕與學員眼神對上，如果害怕彼此眼神接觸，轉動頭部的過程中，就不要以眼睛為焦點，改注視對方額頭、耳朵或是臉部，再輕輕地將視線掃過，這樣就可以避免眼神直接對上，又能讓學員覺得你有在注視他，只要學員覺得有被注視，自然專注力就會提高，也

會更加認真。

　　有時也會遇到相反的情況，當你逐漸熟悉狀況，上課態度開始展現出自信時，你再一一巡視學員的表情與反應，這時候反而會發現有些學員可能將眼神移開。特別在你發問問題時，有些人甚至還會低下頭，這時候就要由你來化解對方的不安了。

　　當學員比你還緊張時，可以用溫柔的語氣來安撫對方，或說些鼓勵的話語，例如：「這個問題沒有對錯，只是個人看法不同」。

　　用這樣的方式比較不會傷害到學員的心情，也容易引導對方開口。

　　塑造輕鬆的環境能讓學員心情放鬆。當學員放鬆的時候，自然而然就能跟你互視，對你所提出的問題也就能自在的發表意見了。

##  問題發問時機

### 最好的時機之一：下課或午餐前

如果擔心學員互動的意願不高，就要使用一些方法了。比方提議讓大家都發表完意見就可以下課或吃飯等交換條件，想必大家都會卯足全力回答問題，這種就是利益互換的一種策略。

題目要稍微設計過，只要不是太沉悶的議題，基本上都會有人回答。如果回答完問題就可以快點下課的話，就能更振奮一下精神。當感受到學員上課普遍精神不濟時，也可以調整休息時間，先問個問題，讓大家回答完後再休息。

也可以在下課前先丟一個問題，讓學員在下課時思考問題的答案，等到上課後再延續上節課的提問，讓學員有時間思考答案的話，學員會有較多的心理準備，回答問題時也會更有自信，進而讓上課氛圍更熱絡。但不要問太嚴肅的話題，不然造成學員心理負擔大，互動成效也會大打折扣。

## 最好的時機之二：不固定循環式問答

有時候在一開始我就先跟大家宣布待會我會如何上課，如果要發問問題，我會先把問題寫下來，每個問題我會請三位學員回答，下一個題目再讓另外三名學員回答，採依序輪替的方式，讓大家都有機會回答問題。

回答問題不一定都要用說的，也可以用寫的。我也會叫學員先將題目寫下來，等下課後再收回所有人的「答案卷」，這樣就可以了解他們上課的意願以及吸收的情況，也建議你們試試看這種回答方式喔。

循環式的問答方式可以讓互動更為公平，不會永遠只有幾位在回答問題。有些人如果不去引導他開口的話，整堂課他都不會說話。循環式的問答讓每個人都有機會說話，主要是可以聽到一些平時不會聽到的見解或想法，這樣對你們授課會很有幫助的！

## 最好的時機之三：當上課較為沉悶的時候

不管是哪位講師，多少都會遇到學員沒有任何意見回

饋的時候，並非不想上課，但就是沒有問題要發問。不但如此，詢問是否有問題時，得到的答覆也是「沒有問題」。當你察覺到上課氣氛不佳時，可以玩一些小遊戲或是用有獎徵答的方式，來轉換氣氛。

一聽到回答問題就能得到小禮物，大家的精神就會再度集中，課程就又可以持續進行下去。以一個半小時休息一次的情況，大概在課堂進行一半或休息前的半小時進行互動或小遊戲，把學員注意力再拉回來。

講師要隨時注意學員上課的狀況，而不是把課程講完就交差，講師的工作不是這樣的。就算學員不想聽課，哪怕只有一句重點學員肯聽，你們都要想辦法讓他們聽進去後還要記住才行。別忘了你們的工作就是要讓學員了解上課的目的、盡可能吸收上課內容，但不用逼得過緊，努力盡好本份就好。

## 最好的時機之四：下課前二十分鐘

另一個發問時機就是在下課前二十分鐘，有些講師習慣在最後十分鐘再詢問學員有學到什麼，或有什麼問題。

最好不要在最後十分鐘發問，如果發生回答不完的情況，就會耽誤到下課時間。

利用下課前問問題，會有兩種情況：學員都還很有精神的情況下，下課前二十分鐘剛好可以做個簡單的課程回顧或是請學員提問問題，這樣剛好可以將最後的簡報內容搭配問題一起講完！反之，越接近下課學員精神越不集中，就不太會搭理你的問題，可能一心就想著快點下課。如果還很有精神的話，最後二十分鐘就拿來問答，既不會耽誤下課時間，又不會無法及時回答完學員的問題，而匆匆結束！

## 以上四項可以結合「測驗問答」模式

我在授課時會製作十項問題，把問題結合上述的操作模式，通常成效都還滿不錯的。在講授重點前或是結束後發問，讓每位學員把問題寫在紙上，寫完後還要學員依序回答，這樣進行幾輪下來後，他們會開始認真思考答案，可以試著做看看，看這樣的方式適不適合你們！

# 7-4
# 當突發狀況來時

　　講課時難免會發生突發狀況。當然突發狀況的種類與發生原因都各有不同，這裡舉三種最常發生的事項與情況來做說明：

## 第一種突發狀況：聽課情況不踴躍

　　因為每位學員來聽課的原因與學習態度都不一樣，有些企業會固定辦企業的內部教育訓練，提升員工能力，但有些人的目標就沒那麼遠大，可能只希望簡簡單單過一天，每天工作結束後就回家休息，偶爾跟三五好友出去聚餐聊天，沒有充實自己的欲望，也沒有升職加薪的雄心壯志，你們覺得有沒有可能會有這樣的學員？

　　這樣的學員一定有！畢竟每個人生活態度、工作態度、學習態度都不一樣。每個人考慮或重視的事情也都不一樣，

所以對於上課當然會抱持不同的看法，到底是讓自我成長的好機會，還是浪費時間的麻煩事？在開始上課時就要特別留意學員的心態，如果只是個人的原因倒還可以慢慢處理，如果還會影響其他人，那可就不好了！

如果擔心出現這種情況，記得一開始就先訂下規定。我的方式是要學員寫課後報告，雖不敢說全員都願意遵守，最其碼可以把干擾其他人的變數降低，而且一旦說要執行交報告的方針後，學員就會集中精神上課，而不是趴下睡著等課程結束。

當察覺學員老是注意力不集中時，盡量用實際案例解說，不論是親身案例還是別處聽來的，都能吸引大家注意，沒聽過的事總能引起人的好奇心。

## 第二種突發狀況：針鋒相對

這也是很常見的情況，會有某些學員認為你們憑什麼能教課，你們有什麼資格當講師等情況！

其實這跟會不會教沒有多大的關係，總會有些學員自

認懂的東西比你還多更多，或是還沒上過你的課就認為你不行，請記得一定要耐住性子，不要受到挑釁。

不要因為受到挑釁就跟著隨風起舞，也不要認為雙方理念不合就放棄跟對方溝通的可能。講師不是只顧著傳授知識卻不管學生意願，沒有這個道理，講師還要對錯誤的觀念進行修正，這也是我們當講師的工作之一，可別忘了。

會有這種傾向的學員，背後的原因有很多：有個性的因素、有習慣的因素、有思維的因素等等，他們這樣的觀念已經根深蒂固，不會因為你講一、兩次課就因此改觀，這需要長期抗戰。我曾經為了一位學員花了兩年的時間去調整，最後對方也在接受調整後越來越順利，不管在工作或是人生方面。看到學員因為上了自己的課變得更好，那樣的感動才是我們講師想要看到的，我們當講師也需要被肯定，而肯定我們價值的就是學員的成長！請記得，觀念不同不是太大的問題，只要不走偏就好。

## 第三種突發狀況：課堂中講電話

我其實很怕課堂中電話鈴聲突然響起，有時會把好不

容易經營起來的氛圍給破壞掉。就算上課前已經請大家把手機轉靜音或振動模式，或請大家要講電話時要出去講，但還是會有人在課堂中直接講起電話來，你還能怎麼辦呢？

如果手機鈴聲沒有破壞你講課的節奏，那就接著講下去吧。就怕你們因為一個停頓，影響原本的說話節奏，使得後續說得不夠順暢，那倒不如直接講完一個小節後再停下來。

但如果已經破壞你講課的節奏，這時有兩個作法：

第一種：停下一切授課動作，等候對方講完，再對他微笑，我想對方應該就明白你的意思了。

第二種：藉此下課休息，下一次再發生同樣的狀況時，就再休息一次，以此類推，我想這樣也能讓所有學員了解，不能在課堂中講電話！

遇到被打斷的情況在所難免，可別因此失去耐性，淡然處之就好，畢竟往後還可能會再碰面，用不著為了這種

小事造成雙方的不愉快。

　　該做的你都做了，情況卻一直無法獲得改善的話，我再教你一招，去找單位主管一同來上課，學員接電話的頻率就會收斂許多。

　　以上的方法提供給你們參考，但因實際情況不同，自己也要學會做些調整，這樣對你們與對學員才都會有好處！

　　在下一篇中，我將分享七位不同年資、分別在不同產業都有成就的老師們的經驗，也是他們的想法與他們現在正在做的方式，讓你們看看這些優秀老師的訓練手法與思維，因為每位老師都有他們的獨特性值得效仿。家旺也非常感謝這七位老師願意在這本書中將他們寶貴的經驗分享出來。

# *Lesson 8*

# 各領域專業講師分享篇

# 8-1
# 婚禮企劃之幸福滿滿
# 培育計畫

婚盟創意主題訂製／首席活動執行總監 Jonne Yang 老師

---

## 🏆 資歷

- 婚盟創意主題訂製首席活動執行總監
- 2002 ～ 2017 迄今 15 年婚禮及活動執行約 1,200 場次

---

從事婚禮活動企劃至今約 15 年，也培育過不少優秀的企劃人員。的確這是一份可以讓他人「幸福滿滿」的工作！

但也看過許多想踏入這一行與剛踏入這行的新人，有些並未真正想過這是不是一份可以持續努力，並當成終身職志的事業。

　　所以為了讓想從事這份工作的新人了解，我在教育訓練方面會規劃四大面項、八項單元來培養新人。

　　而在其中第一單元「活動企劃」上，我最常用的手法就是安排「實戰訓練」，直接運用到教育訓練的執行上。

　　當直接安排真實客戶來與見實生一起面對面時，而所測驗的考題有兩項：

　　第一項：考驗見實生面對客戶的「臨場反應」
　　第二項：測試其「抗壓能力」

　　透過我所規劃的評分標準，若見實生能通過實戰測驗，在第二單元部分就會安排「企劃撰稿」，來考驗每個見實生對於活動規劃能力的強弱！

　　由以上第一大方向兩項單元上，即可很快知道一個人的企劃能力／抗壓性／溝通能力，是否足夠勝任後續的培訓單元！

　　當見實生能夠成功的脫穎而出，接下來就可以開始跟

隨身經百戰的企劃主管，完成每一次都不可能的任務！而這種培訓方式與測驗手法，可以讓你快速累積大量經驗，讓學員較能夠在此產業成功待下三、五年時光。但老實說這真的不太容易，因為這一定要有明確的目標與超人的意志力，當然也要有十足的阿信精神！

不過在培訓過程中，也常聽到因為這份工作必須常常犧牲假日來出席大小活動的執行，所以也可能會聽到不少抱怨。

**舉例說明：**

我們都沒假日可休，再這樣下去我都沒有自己的人生！

我的男友快和我分手了，或我爸媽很生氣不想讓我來上這種班，我壓力大到每天都做惡夢，快要去看精神科！

寫企劃案發想到快禿頭！

試想：當初不都是自己滿懷熱誠要來學習這份工作嗎？

或是原本說沒假日沒關係，因為對這份工作超級有興趣不怕吃苦的，但為何到最後都變成不想工作的最大的藉口呢？

在此語重心長的勸告各位社會新鮮人：

如果沒有當做一生職志的熱情與打算，千萬不要考慮投入活動公關企劃產業，看似夢幻美好的背後，隱藏了很多超時加班／手做大考驗／十八般全能的工作能力。

但是活動公關產業絕對是一門靈活且高深的學問，可以培養你十足的體力／良好的應對溝通能力／超強的耐壓力。

重點還可以培養你良好的 EQ，並隨時保持清晰的頭腦，來應對每組客戶丟出的變化球！

除非你真的不怕被訓練，不擔心壓力與休息時間！不然你真的要好好想想這是否是你們所認知的夢幻產業！

# *8-2*
# 藉由表演從講者變演講者

AU 創意娛樂表演整合集團／執行長 趙健志（KENJI）老師

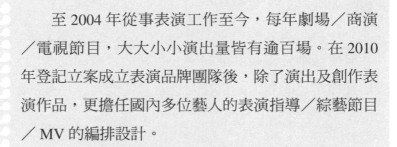

🏆 資歷

　　至 2004 年從事表演工作至今，每年劇場／商演／電視節目，大大小小演出量皆有逾百場。在 2010 年登記立案成立表演品牌團隊後，除了演出及創作表演作品，更擔任國內多位藝人的表演指導／綜藝節目／MV 的編排設計。

　　講師工作運用精緻並吸引人的詞彙／充滿抑揚頓挫生動的話語／搭配具有張力的肢體語言及手勢。當踏上舞台之後，發揮一場具有個人魅力的演講，因此講師儼然也可以算是一個表演者！

　　倘若在與客戶提案或是在學校以及各種授課場所講課

時，能夠藉由表演元素中學習「表演說話」，就好比一部雖有內涵卻容易使觀眾失去耐性，甚至倒頭就睡的電影，瞬間變為極為精采且毫無冷場的劇情呈現，這樣可以兼具內涵與娛樂性，更能將想傳遞的訊息植入觀眾心中。

而在表演的元素細節中，能夠讓你在面對人與人之間的交流，以及與各種不同的產業互動時，都能讓你在當下的「臨場表現」有極大的幫助。

所以在熟悉表演前，可以試著運用以下五項步驟來練習並塑造自己的個人演講：

## 第一項步驟：用有型的視覺形象來抓住觀眾目光

學習像表演者／藝人一樣，藉由具舞台效果的表演服，搭配合適髮型來塑造整體視覺形象，更可以設計「個人LOGO」提升觀感並吸引眾人目光，留下深刻的印象。

## 第二項步驟：找到聽覺形象抓住觀眾耳朵

通常模仿秀只要說出 slogan 或換個說話方式就能讓人

知道模仿對象。

這就是營造聽覺形象。亦可將聲音錄下反複聆聽修改，並避免聲音太過尖銳刺耳令人反感，同時搭配繞口令的方式來訓練咬字清晰。

## 第三項步驟：善用肢體語言加強表演張力

表演的舞台魅力／表演張力，就好比武俠小說中的內功由內而外散發。

除了經驗的累積，可以對鏡子練習，控制臉部肌肉及肢體動作，讓臉部在做情緒表達時，可以運用肢體來為自己加分。

另可設計一些「記憶手勢」。以彈指舉例：每當講到「重點」時就彈指，這樣很容易在人的大腦中建立記憶點。

## 第四項步驟：精心的編排，使人驚喜之餘暗叫過癮

在講授的流程安排，如同編劇及 DJ 一樣，把引發共鳴

的橋段,做有層次的排列組合,來構成一段有頭有尾的完整演出。

## 第五項步驟:反覆練習!努力及學習更能幫助你

熟悉主題項目/做足相關準備/確實練習/在腦海裡模擬表演,當有突發狀況時,就絕不會有太糟的表現。

最後切記:專業的講師要能給予別人可以依附成長的東西!

很多事物及作法沒有絕對的對錯,所以一定要培養尊重/理解/欣賞各種不同事物的心,才能放大格局,讓自己或別人成為更出色的人。

# 8-3
# 漫談中、高階人才招募顧問職涯發展

技術暨職業教育碩士／James Chang 老師

---

## 🏆 資歷

　　專職中、高階人才招募。從事於人力資源領域近 10 年資歷，接洽服務過歐美集團／陸資企業／台資上市（櫃）以及中型組織超過 300 間企業。

　　成功推薦地區包含：台灣／新加坡／菲律賓／越南／中國大陸上海、廣州、河北、河南、山東等地。

---

　　在過往經驗，因曾面談國內外中、高階人才超過 1,200 位以上，對於從企業管理者觀點與招募專業人才有許多實務累積以及想法。

這裡將招募資歷用五年年資的分界點來與各位漫談，概分為新進招募和資深招募兩種區塊給大家參考：

## 新進招募人員產業經歷

在人力資源領域資歷累積尚未達 5 年者，在獵頭企業用人角度，大學學歷及本科學位（人資、心輔、教育、商管、理工等）都是基本。最常被企業要求的就是新進招募人員英文能力／產業熟悉程度（產業結構、上下游關係、製程）／人格特質（溝通表達、敏銳應變、積極沉穩）／工作穩定性（同一產業 1 年以上招募或專業職務 3 年以上資歷）等職能。

建議：在我們羽翼未豐前，「累積實力」是工作前 5 年耕耘的主要方向。

具體而言，先釐清自身對現處產業是否有熱忱／了解招募工作內容／分析各招募職缺的職能與職涯發展／需求企業文化與管理特性／建立招募目標；進一步提升專業素養（識人能力、面試技巧、職能分析、產業研究）／發展多元職能（人脈經營、溝通談判）／建立上級與企業信賴

感（成功招募）／培養獨立思考、並可獨自執行重要專案與配合團隊整體運作，這些才具備成為中、高階招募人才的基礎。

## 資深招募人員產業觀點

當在同產業負責招募超過 5 年以上資歷者，除持續深化專業職能（產業研究、溝通談判、發掘真實動機）外，對於塑造專業顧問形象（職業道德、招募策略）／爭取管理職機會／橫向溝通／上下關係經營／以及避開失業轉職危機，都是在這個階段中的重要議題。

在獵頭管理者所關注的面向在於：招募專業職能／產業歷練／績效表現／團隊管理／危機處理／研判產業趨勢等，而這些並不是單靠年資就可輕易獲取的。

而多數資深顧問較多關注於：薪資所得／職位頭銜／服務企業屬性，對工作渴望更趨於順遂與時間自由度。另對超過 10 年甚至 15 年年資者，則會對自我定位／招募產業前景／企業穩定性等來加以琢磨。

　　建議：具有一定年資與資歷者，在工作或面談人才過程中，要把重點放在「自我包裝」的技巧上，如何在有限時間內銷售自己給受話方，讓對方感興趣。仔細思考如何進一步讓企業與人才招募時，想與我們交談／合作。在此勉勵大家在人力招募職涯發展的道路上，都能成為可以協助企業穩定發展的專業招募顧問。

## 8-4
# 一家要寫報告的牛肉麵館

牛易館創辦人／易哥 老師

 資歷

著作《成功品牌心法：易起來閱讀牛肉麵》

牛易館創辦人許勝雄先生，人稱「易哥」。歷任台北市政府勞工局職業訓練中心祕書／台灣觀光學院業界講師／環球科技大學業界講師／經濟部樂活創業人才培訓講師。

從輔導與培訓過程中，深深體會技術傳承／企業文化是組織成員共同凝聚的「核心價值」，而讓員工在成長的過程當中，傳承產業技術／薰陶企業文化，是企業永續發展的保證。

　　退休後易哥以「餐飲文創」為主軸，導入技職訓練的精髓，成立了「牛易館牛肉麵」。不論學習者是否具備餐飲經驗，為了激發動機，在養成階段讓學習者自我提升／增強學習能力／提升學習意願，進而主動尋覓資源／尋找方向／找出答案，回歸到原點主動向傳授者報告自己的學習成果。

## 「口傳心授」養成訓練法

　　在初學者養成訓練中，訓練師以「口傳心授」方式，依「牛易館教育訓練筆記簿」上各個訓練項目，指導學習者逐項學習，並完成學習筆記，課後隨即整理電子檔，提請訓練師批閱訂正，最後再由學習者整理成屬於自己的「技術手冊」。

　　而日常除基本札實的內外場經營訓練，還會要求依階段撰寫「自我成長報告」。除撰寫每階段學習成果與心得，亦會考核對未來工作的主張。

　　對於新任幹部：會依據既定發展方針／工作項目，提出該項職務企劃，經審核通過後，再依據該項企劃考核執

行成果。

## 獨創「師徒傳承品牌結盟」延伸品牌

對於授權加盟，採非典型的「師徒傳承品牌結盟」，為延伸教育訓練的精神，提升加盟業主經營能力與成效，要求準結盟者以真實創業者的態度提出「牛易館結盟創業企劃」，通過後列入契約的一部分。

這個方法有別於一般典型加盟型態，不再由總部提出規範，加盟者只依總部規劃，單靠加盟者自身能力執行，這樣也不會因為沒有經營能力而賺不到錢。

在「師徒傳承品牌結盟」的發展策略下，每位授權加盟業主，都是入門拜師學藝的「品牌傳人」。並結合牛易館新進人員養成訓練，依據「牛易館教育訓練筆記簿」來完成教育訓練，最後整理成屬於自己的「技術手冊」，考核通過後才授權拓展結盟店。

坊間慣用的訓練方法：只提供「技術手冊」讓初學者熟記熟練。這種包裹式填鴨，只會養成學習者被動的思考

能力。

　　不同之處：先請學習者主動思考，思索如何運作之後再付出行動，讓學習者在錯誤中發現錯誤／矯正錯誤，在學習中尋求正確／追求正確。再配合「隨機教育」的方式，從摸索的苦惱中，真正了解與發掘該項技術設計的原理。

　　當真正了解後再正確指導／引導，唯有如此才能夠真正觸動學習神經，提高學習效果。

# 8-5
# 我的講師之旅，現在啟航

瀧碩有限公司產品開發部主任研究員／周文嘉 老師

### 🏆 資歷

擔任研發工作已有 8 年之久，近年擔任起研究員培訓工作及產品銷售服務的工作。目前主要研發指彩凝膠及相關產品開發。

回想第一次當講師……那是一次讓我一個多月都睡不好的日子！

學生喜歡聽什麼呢？這樣的內容會不會太艱深了？會不會問什麼問題我回答不出來？會不會台下睡成一片？有太多可能發生的問題讓我太擔心了！

當第一次拿著筆電，緩緩走進教室，看著學生我深深

吸了一口氣！我告訴自己：「我一定要看起來很專業，不要被看穿！」

當簡單的寒暄跟自我介紹後，開始了我準備將近一個月的課程內容。三個小時的課程，在照本宣科的僵硬下結束了！還好在結束後的同學提問時，並沒有太多意外，所以就用很輕鬆的方式回答應對，而就這樣結束了我的第一次講師經驗，但也因為有了這次的講課經驗，也讓後續的授課輕鬆不少！

後來幾場的授課經驗，讓我真正學習到如何當講師！

首先，一份好的教材不是冗長的文字，而是用著簡潔有力的文字，搭配著淺顯易懂的圖片，這樣比較不會讓人有愛睏的感覺。另外我習慣用色彩豐富的圖片及動畫，能讓學生對於簡報內容更具有興趣，而這樣的課程就有了好的開始。

常聽到很多學生在聽完課後反應，其實收穫沒有想像多，這是為什麼？其實很多時候講師本身學能本事都相當優秀，但滿腹學問卻沒有好的表達讓學生能夠了解。如同

前面說的，講課時只是照本宣科，這樣學生自然覺得和自己自學沒有太大差別的感受。所以理論固然重要，但有很多時候自己過往的經驗往往才是最貼近實務，因此實務經驗的分享才是無價的！

距離也往往是老師與學生最難處理的課題。站在台上的未必是樣樣都精通，而坐在台下的也未必會比較差。所以可用著輕鬆的口吻，試著多與台下學生互動，當有了互動就可以讓學生開始思考，這樣的學習就不再是死板板的。當越貼近學生，與學生互動越多，這樣能夠大大增加學生對課程內容的理解。有時還會發現，學生思考的方向跟我有著不一樣的地方，在他們身上我還學習到不少。

講師應該對自己的專業能力有信心，但教材的準備應該掌握著「講的台下都聽得懂，而不是只有自己懂」的觀念。加上好的心態，一個跟著時代進步的上進心，一個願意繼續學習的心態。

我不是個經驗老道的講師，但我相信沒有誰是最優秀的講師，沒有什麼是最完整的教材，沒有什麼方式才是最棒的講課之道。一種適合自己，能讓你站在台上如魚得水

的說話方式就是好方法，一種能夠說的台上與台下都能了
解、都有收穫的講師才是最重要的，這點我也還在努力學
習著！

# 8-6
# 如何成為一位電商講師

愛徒玩美工作室創辦人＆執行長／王雅玲（玲玲）老師

## 🏆 資歷

- 愛徒玩美工作室創辦人＆執行長
- 美國普林頓大學 IPMO 國際專業證照培訓／管理研究所副教授
- 2015 榮獲台灣之光 365 行業／行銷通路達人
- 台灣商品總會 MIT 聯盟、百業經濟聯盟／社群創辦人

　　意識了商業趨勢的改變，從一個鋼琴老師轉型成小小的網拍起家，努力學習互聯網經商，從此踏上艱商的不歸路。十年的時間，意志堅定，闖出一片天，整合有著千多支 MIT 商品，還有兩岸 O2O 線上線下的通路，也因為知道沒有資金的 MIT 走不出去的困境，因此想讓台灣潛藏隱

形冠軍的好產品可以走出去，並成為台灣之光的這件事，成為我的志業。

電商經營的經驗累積，讓我成為了一個電商講師，受邀政府與企業單位講課培訓，課程有〈互聯網創業小頭家實戰教學〉、〈如何運用跨境電商營銷，讓品牌傳播全球〉、〈如何做好社群行銷〉、〈粉絲經營激活變現〉，在拚經濟實戰的領域裡，雖被稱為台灣電商女神，但在我生存的世界，不存在高傲，唯有認真與自信。

一個好講師的定義很廣泛，成為好的電商講師更為不易，絕不是能站在台上滔滔不絕的流暢演說就是好講師。當一個學界的講師是比較容易的，然而在商界眾多的課程中講師所扮演的角色更為重要！因為社會責任，講師最後要把學員帶到哪裡去，這是值得深入了解與探討的一環。

企業內訓或政府培訓都是希望講師可以給學員除了專業知識外，更期許講師可以有實際經驗的能力去傳授，而且有實戰經驗的講師，比較不會被學員問倒，甚至可以給予建議或解決方案。

要成為一個電商講師，不僅必須要了解國際經濟趨勢走向、互聯網與電子商務的應用關係外，就台灣目前環境，還要了解到的是：通路上的整合度／商品的挑選與定位／網路行銷技巧／廠家商品的供需關係／國、內外金流怎麼跑／物流管道的暢通／要進大陸市場的台灣商品三證怎麼辦理／跨境電商的運作／目前電商遇到的問題是什麼／用電商物聯網思維下帶動創業模式／電商與社群粉絲的轉化引流方法等十種重要的事項須注意！

並不是單單會操作 Line、WeChat 的功能就是電商講師，一個負責任的講師要周全專業，讓學員真的可以經由您的教導將知識轉化成自我成長或是績效獲利，互聯網創業是人人羨慕追求卻不得其門而入的。大多數學員非常希望能學習到實際的經驗，而不是在課程最後，不但浪費了時間也浪費對講師的信任。

身為一個好講師，這是社會責任。成為電商講師前，上台前要先問自己，要把學員帶到哪裡？移動互聯網、電子商務的訣竅就是「整合」，也是電商講師戰略實力的評測點。

# 8-7
# 美睫紋繡產業人員
# 八大領域

Beauty Life 彩睫甲連鎖店／行銷總監 周琦森（阿 SEN）老師

---

### 🏆 資歷

- 銘傳大學／管理研究所
- Beauty Life 彩睫甲連鎖店／行銷總監
- TSIA 中華沙龍產業發展協會／祕書長
- 台灣科技大學、元培醫事科技大學、德明財經科技
  大學／美睫講師

　　我在規劃任何美學課程前必做的一件事，就是到市場
上觀察業界美學人員的現況與未來的趨勢。而美學行業不
再是一個單純的技能行業，也就是所謂的只要技術好客人
就會自動上門的情況。

　　有的人靠著傳統的口耳相傳的方式慢慢累積客戶，有的人利用新興的網路行銷工具快速成為美睫紋繡界的網紅達人。

　　但事實是口耳相傳的老師，欠缺聚集人氣的行銷賣點。網紅達人則存在服務不夠細緻與技術能力不足的問題，在在都凸顯美學人員所欠缺八大能力的護持！

　　我的建議：美學行業是需要用心去經營的事業，結合不可或缺的八大能力「技術／觀察／傾聽／溝通／應變／管理／領導／行銷能力」，才能乘風破浪屹立不搖於市場中！

　　在輔導數百位學生與店家的過程中，存在一個極大的問題：便是一般美學老師普遍只教導學生技術能力。但上完課後的重點：店要怎麼成立／價格要怎麼訂製／行銷活動要如何規劃／客人要怎麼服務，很多時候老師是並未教授的。

　　所以當我在教學時，一直在想如何提升學員的基礎能力，所以我用四項重點來教導學生：指導學生在真人實作

的練習與臉部特徵了解其差異性／從細心的觀察耐心的傾聽，才能真正了解客戶並滿足客戶的需求／在店務與人員管理的觀念培育中，可以大幅提升績效／積極正向的領導態度能應對所有問題的挑戰。

而從全面的整合行銷運用結合線上線下的品牌塑造，藉由大量的文章／圖片／影像曝光吸引粉絲關注，建立在粉絲心中不可取代的美學地位。進而利用適當的議題活動來提升忠誠粉絲數量與增加再銷售的機會。

目前台灣美學產業正處於混亂的運作時期，每年學習美學技能的學生達到上萬人，但有可能技術面與實務面上許多產業訓練人員，並未真正接受過階段式訓練！而個人型小型店家挾著破壞性價格大量林立，讓真正有能力者在競爭中需要花更多努力來突破困境。

所以為了要度過這艱困的考驗，唯有讓自己成為美學企業家，而非單純的美學技術者。當你們成為擁有八大能力的美學企業家時，就能以高超的技術創造客戶想要的美麗期望，更能以細膩的觀察／傾聽／溝通來實現客戶心中的願望！

　　再進階從領導、應變機制中解決企業面臨的所有考驗。運用縝密的行銷、管理策略開創業績建立自己的個人與企業品牌，如此成為美學產業的領先者將不再是口號或一個夢想！

# 結語

　　很感謝你們願意花一段時間閱讀這本書，也感謝幾位很棒的老師，願意分享他們當講師的經驗與重點事項。人生的緣分很奇妙，但也因為如此，人生才更有其價值與樂趣。當講師其實有很多責任，不是只有賺錢就好，如果家旺老師的這本著作能給予你們一些啟發，了解講師的路該如何來走，那麼我寫這本書也就值得了。如果真的有從這本書獲得一些知識或是經驗，家旺老師也希望你們能將這份經驗傳承下去，回饋社會。只希望再小的善念都可以傳達到每個需要的人心中，透過一點一滴的累積，讓更多人願意投入。下一篇短篇文章〈成功之路〉是我自己在創業過程中所產生的體悟，我平常喜歡將感受寫下來，而這些也是我當講師時候的資產與材料。這一篇短篇文章很適合創業者、業務人員、講師等開創型工作的朋友。再次感謝你們的閱讀，真的很感恩！願你我都能福光滿滿，萬事順心如意，感恩。

　　內容感受就由你們自己體會了！

# 〈成功之路〉

一開始往成功的路上，你會很雀躍，

看看左右你會發現身旁很多人。


往前走一點，你依舊開心，

因為你得到了一些好處，身旁仍有許多朋友可以並肩作伴。


再往前走一些，

雖遇到一些荊棘與妨礙，

但偶而會發現全副裝備的人出現，為你開闢一條路，

但看看身旁你會發現少了很多人。


過了許多難關之後，

你想休息一下而坐在路旁，

你發覺，這條路上人突然變少了，只剩零零星星的幾人。


起身後再往前走一段，你開始孤單與害怕，

因為到了夜晚只有野獸叫聲陪著你。

然後持續走了好長一段，你發現路上完全沒有人，
你開始懷疑與擔憂，是不是走錯了路，
怎麼成功與自己想像不同。

走了一段，再持續走一段，
不知越過了多少山頭與險阻，
有一天當旭日東升時，
你發現前方好像有人跡，
你開始勇敢往前跑。
跌到了，也趕快爬起往前跑。

你終於看到前方有很多人在向你招手，
並開心的微笑著對你說，
等你好久了，你怎麼現在才來。

這一刻你才會知道這段日子裡你所堅持的，都是對的。

而這就是你的成功之路……

**～家旺老師語錄 11——短篇文章〈成功之路〉**

國家圖書館出版品預行編目資料

宋家旺之講師入門學 / 宋家旺 著 . -- 初版 . -- 新北市：
創見文化出版 , 采舍國際有限公司發行 ,
2017.07　面；　公分 （優智庫；59）
ISBN 978-986-90494-7-4（平裝）
1. 職場成功法　2. 講師　3. 在職教育
494.386　　　　　　　　　　　　　106009173

# 宋家旺之**講師入門學**

出 版 者 ▌創見文化
作 　 者 ▌宋家旺
品質總監 ▌王寶玲
總 編 輯 ▌歐綾纖
文字編輯 ▌Dorae
美術設計 ▌陳君鳳

郵撥帳號 ▌50017206 采舍國際有限公司（郵撥購買，請另付一成郵資）
台灣出版中心 ▌新北市中和區中山路 2 段 366 巷 10 號 10 樓
電　　話 ▌（02）2248-7896　　　　傳　　真 ▌（02）2248-7758
I S B N ▌978-986-90494-7-4
出版日期 ▌2017 年 7 月

全球華文市場總代理 ▌采舍國際有限公司
地　　址 ▌新北市中和區中山路 2 段 366 巷 10 號 3 樓
電　　話 ▌（02）8245-8786　　　　傳　　真 ▌（02）8245-8718

新絲路網路書店
地　　址 ▌新北市中和區中山路 2 段 366 巷 10 號 10 樓
電　　話 ▌（02）8245-9896
網　　址 ▌www.silkbook.com

本書採減碳印製流程並使用優質中性紙（Acid & Alkali Free）與環保油墨印刷，通過綠色印刷認證。